地磁场记录稳定性的微磁模拟与实验研究

Micromagnetic Simulation and Experimental Research on the Stability of Geomagnetic Field Recording

葛坤朋　王宇钦　黄宇豪　周　慧　刘青松　著

·长 沙·

内容简介

古地磁学是恢复板块运动历史、重建全球气候变化模型、揭示地球内部变化过程、探索星系形成演化等重大地质问题的主要手段之一。其研究基于岩石古地磁场记录，然而岩石内部磁性颗粒的复杂性和地质历史时期自然界对地质样品的化学改造，制约了人们对样品中地磁场信息的准确认识。本书使用了微磁模拟与磁学实验相结合的方法探索岩石古地磁场记录的可靠性和稳定性，具体包括合成磁性颗粒集和生物成因磁颗粒集的磁学响应研究，以及受到化学改造的磁赤铁矿化颗粒的微观磁行为研究，进而深入探讨磁性细颗粒宏观磁学特征的本质——磁不稳定区的存在，最后讨论了磁不稳定区的磁学特征及对地磁场记录稳定性的影响。以上研究加深了我们对岩石古地磁场记录稳定性的认识。

本书可供相关工程领域的研究人员参考，也可作为高校和科研院所相关专业教师和研究生的参考用书。

作者简介

葛坤朋 男，博士，东华理工大学硕士研究生导师，江西省主要学科学术与技术带头人。研究方向为岩石磁学、磁法勘探和古地磁学。目前已发表学术论文20余篇，其中第一作者SCI论文6篇(1篇为封面文章)，EI论文1篇。申请国家发明专利3项，授权专利2项。目前作为项目负责人主持与完成国家自然科学基金项目3项，省校级科研、教学项目10余项。指导的研究生先后获得中国地球科学联合会优秀论文奖、指南针奖，并获得省级研究生创新项目资助；指导的本科生获得省级大学生创新项目资助，指导的学生获得校级科技创新二、三等奖，校级优秀毕业论文等荣誉。

王宇钦 男，东华理工大学地球物理与测控技术学院硕士研究生，研究方向为古地磁学、微磁学。

黄宇豪 男，东华理工大学地球物理与测控技术学院硕士研究生，研究方向为岩石磁学。

周　慧 女，博士，东华理工大学环境工程系讲师，主要从事磁性材料合成与应用的教学科研工作。

刘青松 男，博士，南方科技大学讲席教授，全国模范教师，教育部“长江学者特聘教授”，国家杰出青年基金获得者。

前言

古地磁学的研究对象是地球磁场的时间属性。通过测定岩石、沉积物、考古样品、生物化石等地质样品的天然剩余磁性，分析其磁化历史，反演地质历史时期的地磁场形态和其接收磁化时所处的构造与环境信息，并由此衍生出岩石和矿物磁学、构造磁学、环境磁学、生物磁学、地磁古强度、考古磁学、磁性地层学等研究方向。随着研究的深入，古地磁学已发展成为定量探讨板块构造、全球变化、地球内核流体运动状态等重大地质问题的主要手段之一。古地磁学的研究前提是从地质样品中提取有效的地磁场信息，而地质样品的磁性记录本身存在复杂性。一方面是地质样品中磁性矿物的成分、粒径、形状等物性参数对磁场记录的影响，即原生剩磁记录过程的复杂性；另一方面是漫长地质历史时期自然环境对地质样品中磁性矿物记录磁场的改造作用，即原生剩磁改造过程的复杂性。这两种复杂性对提取有效的地磁场信息造成了困扰，进而可能影响古地磁学解译的准确性。

探讨岩石和矿物的磁场磁化机制，为有效地提取古地磁学信息提供理论和实验依据是岩石和矿物磁学的主要研究目的。其主要研究对象包括热剩磁(TRM)、沉积剩磁(DRM)等天然剩磁和化学剩磁(CRM)，以及黏滞剩磁(VRM)等次生剩磁。过去岩石和矿物磁学的研究方法主要局限在实验方面，仅能够从宏观上定量分析矿物的磁化机制，很难从微观层面认识磁性矿物的物理、化学和热动力学性质，从而直观地认识磁性矿物磁信息的记录和改造机制。为了进一步研究磁性矿物的微观行为，近年来微磁模拟方法逐渐受到广泛重视。应用微磁模拟可以有效地解耦各种物性参数对磁性矿物宏观磁学性质的影响，研究矿物的磁场记录过程；并能够分析多相磁性矿物的微观磁化结构，探索矿物接受化学改造时的微观磁性特征，有效地弥补了实验矿物磁学的不足。

本书尝试使用实验和模拟相结合的手段，探讨磁性矿物原生剩磁的记录过程和改造过程。分别针对合成磁铁矿颗粒集合(模拟天然热剩磁)、生物磁小体链集合(模拟生物沉积剩磁)和低温氧化磁铁矿样品(模拟化学剩磁)等研究对象，展开了电子显微学、矿物磁学和微磁模拟三位一体的详细研究，正演研究了地质样品在已知磁场和磁化环境下的磁场记录机理，为将来从古地磁样品中反演提取更多有效磁信息提供了理论和实验依据。本书主要取得了以下5点进展：

(1)首次尝试对具有不同粒径分布和形状因子的磁铁矿颗粒集合进行了微磁模拟，模拟磁滞参数结果能够较好地与合成磁铁矿的实验结果相对应。模拟微观磁化结果显示了颗粒集合内部复杂的磁化结构，其中部分相邻颗粒在相互作用下形成具有不同稳定性的磁化超态(superstate)：较小的单畴(SD)颗粒在相邻颗粒的影响下可能在零场下出现反转，相同的较大假单畴(PSD)颗粒可能在相互作用下呈现不同的磁化状态，聚集在一起的较小的PSD颗粒由于相互作用影响可以呈现出近SD的微观磁学性质，因此可能是矿物剩磁的主要载体。磁铁矿颗粒集合的宏观磁学性质受到相互作用的系统影响，与形状因子相比，颗粒集合的磁学性质对于粒径分布更加敏感。

(2)综合使用微磁模拟和实验方法研究了趋磁细菌AMB-1体内磁小体链在外场作用下的磁各向异性行为。微磁模拟结果证实了实验观测，磁小体链的宏观磁学特征与单轴各向异性SD

(USD)颗粒的磁学结果类似，因此可以作为天然剩磁的载体。但其外场磁化强度翻转机制不同于USD颗粒。结合双亚磁小体链的微磁模拟和实验岩石磁学证实磁小体链的相互作用仅来自亚磁小体链。统计模拟显示，磁滞参数与磁小体链的分布性质相关，且剩磁与饱和磁化强度之比 M_{rs}/M_s 较矫顽力 B_c 对磁小体链各向异性度的反应更加敏感，这为在沉积物中从生物矿化磁铁矿角度提取有效磁场记录提供了依据。

(3)通过逐步系统地改变加热温度和加热时间得到了氧化程度连续的表面氧化磁铁矿样品，并且通过磁滞回线测量获得了详细的磁滞参数结果。随后，参照实验测量，以简单核壳结构为模型对低温氧化的磁铁矿进行了微磁模拟，计算了从单畴(SD)到假单畴(PSD)表面氧化磁铁矿颗粒的详细磁学结果。结果显示从SD到PSD颗粒磁铁矿的磁滞参数随氧化程度呈现出不同的变化特征，基于实际分布的加权模拟结果与实验结果一致性很好，说明核壳结构可以很好地解释磁铁矿的低温氧化行为；其次，微磁模拟的内部磁化结构表明，表面氧化磁铁矿的磁学行为受到核壳结构耦合的影响；综合实验和模拟结果证明SD至PSD范围低温氧化的磁铁矿能够可靠地记录古地磁场信息。

(4)研究报道了一种利用磁铁矿低温氧化检测不稳定区的方法。利用多层核壳结构的微磁模拟，对中值直径接近不稳定区的部分氧化颗粒的岩石磁学实验进行了重新解释。与已报道的单核-壳耦合几何构型相比，预测的磁性质与实验数据的一致性有了显著提高。所观察到的剩磁和矫顽力的变化与预测的磁不稳定性区域80~120 nm附近(等效球形粒径100~150 nm)的磁畴结构变化有关，从而首次提供了该区域存在的实验迹象。此外还证明了颗粒粒径在此范围以外的颗粒中的剩磁对磁化作用是稳定的。本研究为“磁不稳定区”的实验研究提供了思路，对正确解释磁记录具有重要意义。最后认为这种部分氧化的磁铁矿颗粒能够记录古地磁信号。

(5)为了进一步评估这些“磁不稳定”颗粒内部磁化特征，以及加场下的演化规律，探究该区域颗粒对古地磁研究的影响。本研究中我们应用 MERRILL 软件对 70~104 nm 截角八面体磁铁矿颗粒进行多次模拟平均，研究发现：①相对于立方八面体，本次实验中“磁不稳定区”位置发生变化，说明“磁不稳定区”的区域大小可能受控于颗粒的形状；②78 nm 和 79 nm 之间可能存在一个“磁不稳定区”的分界线；③在磁铁矿颗粒变温模拟中，“磁不稳定区”颗粒在温度变化的过程中磁性也是不稳定的。最后通过数值拟合，认为“磁不稳定”颗粒的影响，特别在以细颗粒磁性矿物为磁记录载体的样品中是不可忽视的，本研究加深了我们对“磁不稳定”颗粒影响古地磁记录的认识。

本书的研究工作获得了国家自然科学基金项目(42174091，41964003，41504054)和江西省科技计划项目(20212BCJ23002，20202BAB201013)等的经费资助。本书的出版得到了中南大学出版社的支持，在此表示诚挚的谢意。

由于笔者水平有限，书中难免存在不足和纰漏，恳请读者批评指正。

目 录

第1章　引　言

1.1　矿物磁化机理及其微磁模拟的研究意义

地球磁场由地球铁质的液态外核对流产生，深入的研究表明地磁场行为还受控于地球内核以及核幔边界的作用（Bloxham，2000；Labrosse et al.，2001；Tarduno et al.，2007；Gubbins，2008）。由于地磁场是具有时空变化特性的矢量场，其方向、强度、倒转频率以及其他时间和空间变化性等多个参量可以被提取出来用于研究，因此地磁场包含了丰富的地球动力学信息（Zhu et al.，2001；Besse and Courtillot，2002；Valet et al.，2008）。

但是对地球磁场的直接观测只有几百年的历史（Merrill and McElhinny，1983；Stern，2002），这显然不能满足研究地球磁场形成历史的需要。20世纪以来，人们逐渐发现岩石和沉积物内部所包含的磁性矿物能够记录其形成时期的地球磁场信息，这使得研究地质历史时期的地球磁场性质成为可能，并因此产生了古地磁学。通过对岩石中磁性矿物记录的精确分析，地球磁场记录可以追溯到34.5亿年以前（Tarduno et al.，2001；Tarduno and Smirnov，2004；Tarduno et al.，2007）。如今古地磁学已经成为定量解决诸多重大地质地球物理问题的必要手段，比如地球内核流体运动、板块构造和古地理重建等。并且随着对古地磁学理论研究的逐步深入，一些相关的新兴学科如环境磁学、生物磁学逐渐发展起来（Thompson and

Oldfield, 1986；潘永信等，2004；Liu et al.，2007，2012；葛坤朋和刘青松；2018)，使得地磁学的发展日新月异。

古地磁学、环境磁学和生物磁学等研究需要从岩石或者沉积物中提取原生剩磁。对磁性矿物以及地球磁场载磁机理的认识关系到古地磁学数据能否被可靠的提取，并且直接影响人们对于更深层次的地学问题，如地核发电机理论、板块构造理论的解释。因此有必要研究磁性矿物的物理、化学和热动力学性质，以及这些磁学性质如何受磁性矿物的结构和微观结构特征的影响。近年来对矿物磁学的研究吸引了古地磁学、材料科学和生命科学等诸多学科学者的广泛科研兴趣。经过多年的研究积累，人们已经对多种天然磁性矿物的内禀磁学参数、宏观磁学响应和地球磁场的记录能力等取得了一系列研究进展。这得益于最近二十多年来高精度岩石磁学测量、电子全息术和数值模拟等方法的交叉综合研究，使得人们可以开始从微观磁学结构上解析磁性矿物的磁化强度记录机制。然而，古地磁学中岩石矿物中磁颗粒物性不均一的影响和地质历史时期中环境对磁性矿物的改造等核心问题，制约了人们对磁性矿物记录地磁场原理的进一步理解，并且严重限制了古地磁学数据信息的有效提取。如磁性颗粒相互作用和形状因子对矿物磁性质的影响、PSD 颗粒的剩磁记录特性、磁性矿物氧化作用的磁学响应等问题，都有待进一步的研究和澄清，这些研究也关系到人们对于磁性矿物的地磁场响应机制及其赋存的地球动力学意义的深入认识(葛坤朋；2014)。

为了进一步研究磁性矿物的微观行为，近些年来微磁学方法逐渐受到大家的重视(Fidler and Schrefl，2000；Dunlop and Özdemir，2001)。微磁学是属于技术磁化范畴的一种唯象学理论，是从实用的角度来考察磁体内磁性质和磁行为的一种研究方法(Brown，1963)。它所研究的基本单元的尺度介于原子与磁畴之间，一方面，要求这个尺度足够小，从而可以反映磁畴之间磁矩过渡的状态，这相对于以畴壁为对象进行的研究更细致精确；另一方面，这个尺度又要足够大，从而能以连续的磁化强度矢量作为研究对象，而不是分立的原子磁矩(Long et al.，2006)。微磁学与磁畴理论相比，优势在于磁畴和畴壁不再是假设和条件，而是理论的结果，该方法基于数值模拟，能够清晰地给出各种磁化状态下的磁化结构和能量图像(Liu et al.，2012)(图 1-1)。应用微磁模拟可以有效地解耦各种参数对于矿物宏观磁学性质的影响，正演不同矿物的磁化结构，弥补了岩石磁学实验的不足(Schabes and Bertram，1988；Williams and Dunlop，1989)。

因此可以尝试使用微磁模拟与实验技术相结合的方法探讨上述古地磁中磁性

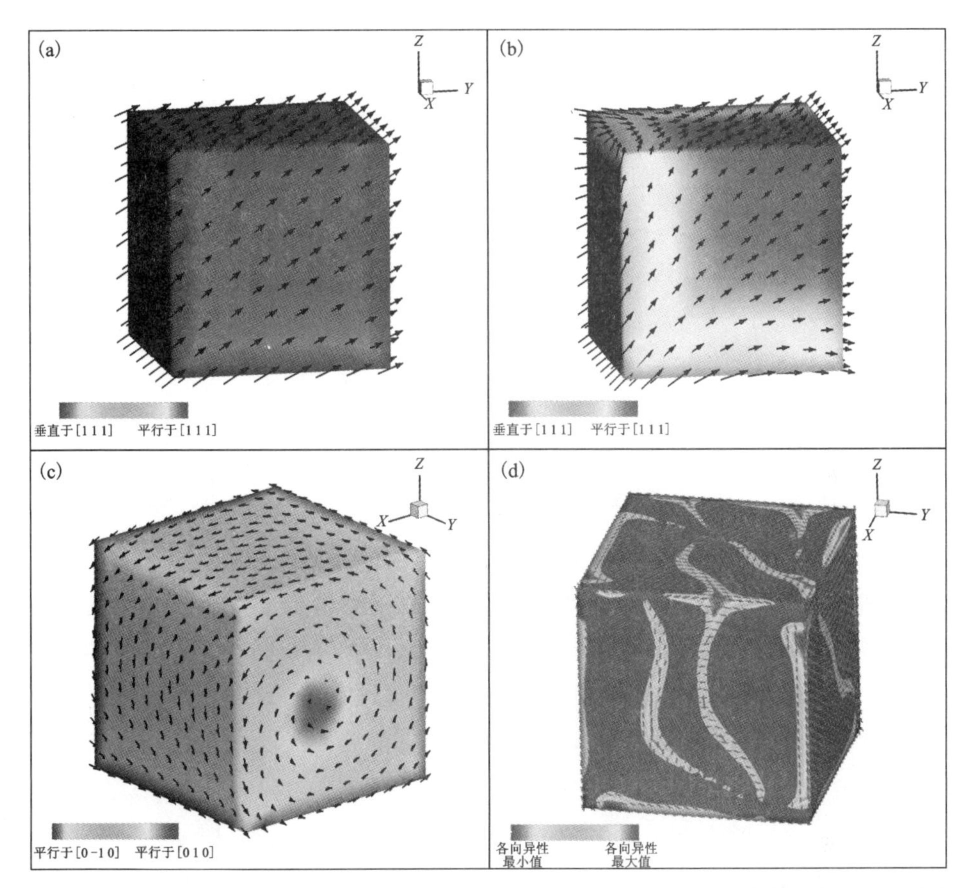

(a)40 nm 磁铁矿颗粒的单畴一致磁化(uniform)结构；(b)75 nm 磁铁矿颗粒的花状磁化(flower)结构；(c)120 nm 磁铁矿颗粒的漩涡磁化(vortex)结构；(d)1000 nm 磁铁矿的多畴磁化(multi-domain)结构。图中黑色箭头代表磁化强度矢量的方向，图(a)~(c)中颜色棒由蓝色到红色表示磁化强度矢量方向的变化，其中在(a)、(b)中表示由垂直于[1 1 1]方向变化到平行于[1 1 1]方向；(c)中表示由平行于[0 -1 0]方向变化到平行于[0 1 0]方向。图(d)中颜色棒由蓝色到红色表示磁化强度各向异性度由最小变化到最大，显示了畴壁和磁畴结构［修改自 Liu et al.，2012］。

图 1-1 磁铁矿的微磁结构图

矿物中的磁颗粒物性不均一对磁记录的影响及地质历史时期中环境对磁性矿物的改造两大矿物磁化机制的基本问题，从理论和实验两方面分析探讨地质样品中磁性矿物的载磁原理，从而深入理解矿物磁性信息赋存的地质意义。

1.2 古地磁学中的微磁模拟研究

在古地磁学研究中，常见的磁性矿物如磁铁矿、磁赤铁矿、赤铁矿、胶黄铁矿等都可以作为地磁场信息的载体（Butler，1992；Tauxe，2010）。由于微磁模拟方法本身仍处于研究之中，对于古地磁学中的铁氧化物研究，除了能够模拟一些具有强烈形状各向异性的磁性矿物外，目前仅能够对磁铁矿等进行较详细的模拟，对同属等轴晶系的矿物如磁赤铁矿、胶黄铁矿还在初步探索之中（Roberts et al.，2011）。

1.2.1 目前古地磁学中微磁模拟的主要研究对象

磁铁矿（Fe_3O_4）：自然界中最重要的磁性矿物，普遍存在于火成岩、沉积岩以及低高温变质岩中。磁铁矿是具有反尖晶石结构的立方体矿物，氧离子形成面心立方晶格，Fe^{2+}和Fe^{3+}充填在晶格的空隙之中。晶体阳离子占据不同结构的区域，即四面体结构的A区与八面体结构的B区，A区中仅含有Fe^{3+}，而B区中同时含有Fe^{2+}和Fe^{3+}（Dunlop and Özdemir，2001）。A区与B区Fe^{3+}的原子磁矩相互抵消，因此磁铁矿呈现亚铁磁性，其磁矩由B区中的Fe^{2+}提供，约为$4\mu_B$。理论上纯磁铁矿的饱和磁化强度为90~93 Am^2/kg，居里点约为580℃。磁铁矿的矫顽力受粒径的影响，一般为10~50 mT。磁化强度在场强50~150 mT范围内达到饱和，饱和剩磁一般为1~20 Am^2/kg。作为自然界最主要的磁性载体，绝大多数微磁模拟是围绕磁铁矿的磁学特性展开的。

磁赤铁矿（γ-Fe_2O_3）：磁赤铁矿一般是磁铁矿的低温氧化或其他风化作用的产物。广泛存在于黄土和古土壤、深海玄武岩之中，在火成岩、沉积岩等矿物中常常与磁铁矿相伴生（Butler，1992；朱岗崑，2005）。磁赤铁矿含量对于了解土壤的形成机理、风成沉积物成土作用的强弱具有重要意义。在古地磁学中，磁赤铁矿通常可以携带重要的化学剩磁信息。磁赤铁矿同磁铁矿一样，具有反尖晶石结构。内部B区中2/3的Fe^{2+}被氧化为Fe^{3+}，另外1/3的Fe^{2+}被转移，使矿物本身出现晶格空位。单分子的磁赤铁矿磁矩约为$2.5\mu_B$，饱和磁化强度为73~74 Am^2/kg。磁赤铁矿是一种亚稳定型的磁性矿物，在250℃以上会转变为赤铁矿。而其居里温度在转换温度以上，通过间接测量得知约为645℃（Özdemir and Banerjee，1984）。作为一种重要的磁存储材料，在材料科学方面人们曾尝试对磁赤铁矿颗粒的磁学性质进行微磁模拟(Volmer and Avram, 2012)。然而，除去在生物磁学导航研究(张溪超等, 2013)中的一些初步探讨，古地磁学中仍缺乏对磁赤铁矿的微磁模拟研究。

胶黄铁矿(Fe_3S_4)：在自然界中缺氧状态或者还原状态下的沉积岩中普遍存在，并且可以通过趋磁细菌的生物矿化作用形成(Roberts et al., 2011)。其结构仍然与磁铁矿、磁赤铁矿类似，但饱和磁化强度仅为磁铁矿的1/4。单畴颗粒的胶黄铁矿具有比磁铁矿更大的矫顽力(>60 mT)。胶黄铁矿的居里温度约为330℃，但容易在270~350℃时分解转化为磁铁矿。微磁模拟发现，立方体胶黄铁矿的SD区域在17~200 nm，而八面体结构的胶黄铁矿的SD区域在17~500 nm(Roberts et al., 2011)，并且对颗粒间相互作用下胶黄铁矿磁学性质的微磁模拟也已经逐步开展起来(Muxworthy et al., 2013)。

1.2.2 微磁模拟在古地磁学研究中的进展

在岩石和矿物磁学方向的应用是微磁模拟的一个重要应用方向，这种应用得益于微磁模拟的不断发展。20世纪80年代以前，微磁研究的主要是颗粒的一维结构(Craik and McIntyre, 1969; Ivanov et al., 1978; Moskowitz and Banerjee, 1979)，研究的内容局限在颗粒磁化的基本属性，如单畴/双畴、双畴/三畴等转换边界的粒径、磁畴和畴壁的能量分布等领域。随着计算机技术的迅速发展，20世纪80年代以后，微磁学的研究领域更加广泛。铁磁粒子的反向磁化首先成为人们关注的课题，Schabes和Bertram(1988)计算了立方和拉长形态的六面体颗粒，并首先给出了flower和vortex状态的三维图像；随后Yan等人相继模拟了平底和锥体平行六面体颗粒，球形、长球形和长方形颗粒，以及盘状颗粒的微磁学结构(Victoria and Peng, 1989; Yan and Della Torre, 1989; Fredkin and Koehler, 1990)。这些研究使微磁学更加贴近实际应用问题，也使得微磁学数值方法成为研究磁性材料和岩石磁性矿物微结构的重要工具。针对岩石磁学中的基本问题，人们开始模拟不同参数如粒径、拉长度、温度等对于磁性颗粒磁性质的影响。Argyle和Enkin等人研究了多畴颗粒的畴壁宽度随粒径的变化(Argyle and Dunlop, 1984; Enkin and Dunlop, 1987)，指出磁畴壁随着粒径的减小而变窄。

古地磁的微磁模拟主要是针对最简单的同时也是最重要的磁性矿物磁铁矿展开的。Williams和Dunlop(1989, 1995)首先给出了磁铁矿三维形态的磁畴精细结构，并模拟了平行六面体的磁滞回线，发现矫顽力B_c和方形程度(squareness，即剩磁与饱和磁化强度之比 M_{rs}/M_s)随着粒径的增大而降低。Fabian(1996)通过计算不同拉长度磁性颗粒的剩磁状态，给出了 SD 和 PSD 的临界粒径。Newell 和 Merrill(2000)研究了单轴各向异性单畴颗粒(USD)的 flower 和 vortex 状态，并讨论了 Day 图预测粒径的可行性，指出了粒径预测的一些问题。Winklhofer 和 Muxworthy 等人将温度参数引入微磁学模拟当中(Winklhofer et al., 1997; Muxworthy and Williams, 1999a, b; Muxworthy et al., 2003)，计算了磁铁矿的理论阻挡温度，Verway 转换温度的磁畴状态和高温稳定性。

进入 21 世纪，岩石磁学的微磁学研究主要有两个方面。第一，在复杂形态磁颗粒研究方面，Williams 等(2010)研究了不同几何形状的磁性颗粒的磁畴状态，指出随着粒径的增加，构造各向异性(configuration anisotropy)的影响可能会超过磁晶各向异性的影响，从而改变磁颗粒的磁化方向。Yu 和 Tauxe(2008)计算了不同形状颗粒的磁滞回线状态，指出由于构造各向异性的影响，正八面体颗粒比六面体颗粒具有更高的 B_c 和 M_{rs}/M_s。第二，在磁颗粒相互作用方面，Muxworthy 和 Evan 等学者研究了磁颗粒间的相互作用及其有效距离(A Muxworthy et al., 2003; Evans et al., 2006; Muxworthy and Williams, 2009)，并给出了相互作用下磁颗粒的 SP/SD、SD/PSD 界限以及磁滞回线性质。在孤立状况下处于 PSD 状态的颗粒若受到颗粒间的强相互作用影响，将处于 SD 状态，即相互作用扩大了 SD 颗粒的粒径范围。Novosad 等(2005)讨论了具有相互作用的、不同形状磁性颗粒组成的链反转时的磁化状态，发现颗粒形状对于相互作用强的单元影响很小，而对于相互作用较弱的单元影响很大，这对于生物化石磁小体磁化理论研究具有重要的意义。Witt 等(2005)模拟了一个典型的磁小体颗粒微磁形态，发现磁小体的圆端可以有效束缚磁力线的偏斜，因此认为磁小体磁化强度的成核作用是颗粒的内在属性，虽然磁小体链对剩余磁化的优选方向影响很大(Li et al., 2010)。

现代微磁学在古地磁学中的研究方向，一方面需要开辟新的微磁计算方法拓宽磁性矿物的研究范围，对胶黄铁矿、赤铁矿等其他磁性矿物的性质进行微磁学研究。另一方面，复杂几何形态天然矿物的载磁机理、生物和化石磁小体的沉积剩磁模拟、磁性矿物转化(如氧化还原作用)的磁性质、热剩磁(TRM)模拟等也是当今微磁模拟很有前景的应用研究方向。

综上所述，微磁模拟在古地磁学研究中具有不可替代的作用。与实验岩石磁学相比，古地磁学中的微磁模拟研究还是一门新兴的研究方法，还有很多不成熟的地方有待改进。因此，只有将现有的微磁模拟方法与岩石磁学有机结合起来，同时依据实验不断提高微磁模拟理论和技术，才能更好地解释自然界复杂的磁性矿物特征和其赋存的地质意义。本书将分别介绍矿物载磁的两个基本问题及其研究进展，并尝试使用微磁模拟与实验技术相结合的手段来解决这些基本问题。

1.3 粒径、形状等物性因素对磁性矿物剩磁记录的约束

以自然界中的主要载磁矿物磁铁矿为例，其携带的磁信息在古地磁学、环境磁学和生物磁学等研究中具有重要意义(Butler，1992；刘青松和邓成龙，2009)。对磁铁矿的早期研究主要涉及其宏观磁学性质与机理(Néel，1949；Néel，1955)，研究表明，磁铁矿的宏观磁学性质受控于磁颗粒的含量、粒径、形状、相互作用、内应力等多种因素(Maher，1988；Dunlop and Özdemir，2001；Muxworthy et al.，2003；Williams et al.，2006；Yu and Tauxe，2008)。随着研究的深入，矿物磁学家发现磁铁矿的宏观磁学性质本质上是由磁化强度矢量在颗粒结构内特定的排列状态决定的。因此，只有对宏观性质和微观磁化结构同时进行研究，才能从根本上解决磁铁矿磁性记录机制的问题。

针对这一问题，前人利用合成磁铁矿样品对磁铁矿的宏观和微观性质进行了细致的研究(Dunlop and Özdemir，2001)。首先通过水热(Özdemir and O'Reilly，1982；Maher，1988)、微晶玻璃(Worm et al.，1988)、研磨(Yu et al.，2002；刘青松 等，2005)等方法合成一系列粒径较为均一的磁铁矿。然后通过对无磁晶体如CaF_2、KBr的稀释来克服细颗粒磁铁矿的团聚，并使用高温退火重结晶的方法消除颗粒中缺陷造成的内应力，从而研究不同粒径颗粒的磁学性质，以及其古地磁方向和地磁古强度记录的可靠性。但是这种方法无法精确控制合成颗粒的形状和大小(Yu et al.，2002)，也无法定量研究颗粒集内部的磁相互作用状态。而且难以精确地研究在古地磁学中至关重要的SD-PSD粒径范围的颗粒集合，因此仅从实验岩石磁学角度难以深入解决这些问题。

从微磁模拟研究角度来看，该方法能够清晰地给出各种磁化状态下的磁化结构和能量图像。因此可以有效地解耦各种参数对于矿物宏观磁学性质的影响，弥补岩石磁学实验的不足。而前人在岩石磁学方向上的探索多集中在单一颗粒复杂形态磁铁矿的磁行为(Williams et al.，2006，2010)，或者是多颗粒单一形态磁铁矿的磁学性质(Fukuma and Dunlop，2006；Muxworthy and Williams，2006)，很少对多颗粒复杂形态的磁铁矿磁学特征进行研究，这限制了微磁学模拟与实验之间的

联系，因此很难对天然样品进行更有效的正演和应用。所以如果能通过微磁模拟方法构建出接近实验统计数据的模型，然后通过系统讨论模拟与合成磁铁矿的模拟实验结果的差异，则能够更清晰地认识复杂多颗粒磁铁矿即模拟地质样品的载磁机理。

另外，磁铁矿颗粒的磁场记录问题的研究对象，不能仅仅局限于合成样品，必须对天然样品进行探索，才能解决自然界中的地质问题。而生物磁小体就是一种理想的天然磁铁矿研究对象，它是趋磁细菌在细胞内合成的由生物膜包裹的单畴磁铁矿晶体。在趋磁细菌体内，磁小体通常排列成一条或多条磁小体链，从而能够沿着地磁场磁力线运动，这种运动方式被称为趋磁行为(Bazylinski and Frankel, 2004)。在磁性细胞死亡后其体内磁小体可以保存在沉积物中形成磁小体化石(Chang and Kirschvink, 1989; Kopp and Kirschvink, 2008)，磁小体化石是一种重要的沉积剩磁(DRM)，是天然剩磁的载体(Chang and Kirschvink, 1989; Pan et al., 2005a)，同时也可能成为寻找地球及地外生命的生物标志物(Thomas-Keprta et al., 2002; Jimenez-Lopez et al., 2010)。并且由于趋磁细菌合成的磁小体化石受到环境因子如氧气、盐度、铁源和硝酸盐的控制，在自然界中的磁小体化石将承载有用的古生态和古环境信息(Hesse, 1994)。因此磁小体化石一直是古地磁学、古环境和古生物领域的研究热点(Kopp and Kirschvink, 2008; Jimenez-Lopez et al., 2010)。

过去的研究表明，磁小体记录剩磁的特征与磁小体链的排列方式密切相关，而磁小体链的宏观磁学性质受到外加磁场角度的影响，这是由磁小体链的单轴各向异性决定的(Dunin-Borkowski et al., 1998; Hanzlik et al., 2002; Pósfai et al., 2007)。因此，在用岩石磁学分析方法来检测沉积物中呈链状排列的磁小体或者其他磁铁矿颗粒时，必须考虑到各向异性的影响，才能深入探讨其古地磁学意义。而且，研究磁小体链各向异性对于纳米磁性材料的研究和应用也具有重要意义(Alphandery et al., 2011)。

前人对于微磁模拟磁小体链内部磁化结构的研究很少(Witt et al., 2005; Charilaou et al., 2011)，并且仅有的研究也只是集中在单个磁小体的模拟研究上，对于磁小体链的整体磁学行为还缺乏全面的认识，因此无法从本质上解释磁小体链的各向异性特征。只有通过综合微磁模拟磁小体链，并结合岩石磁学技术才能系统地表征磁小体化石的信息，进而理解天然磁铁矿颗粒集合的内禀磁化性质和其古地磁学启示。

1.4 低温氧化等化学改造对磁性矿物磁记录的影响

岩石、土壤和沉积物在记录原始地磁场之后，由于长期暴露在外界环境之下，会经历各种化学转化，如氧化和还原作用。磁性矿物在这种化学改造之下，会生成新的磁性矿物，此时新生矿物的剩余磁化强度(CRM)不一定等同于原生剩磁(Özdemir and Dunlop, 1985)。并且由于大多数地质样品在暴露过程中受到了化学风化作用，使得古地磁学研究中原生剩磁的提取存在巨大的困难。然而，目前对于这种化学剩磁的研究尚局限在岩石磁学实验观测之上，而磁性矿物内部磁化状态对于化学变化的响应机制并不清楚。

发生在磁有序温度(居里温度)以下的磁性铁氧化物的化学转化一直倍受古地磁学家的重视(Johnson and Merrill, 1972, 1974; Moskowitz, 1980; Özdemir and Dunlop, 1993, 2010)。其中，以磁铁矿或钛磁铁矿的低温氧化最为常见，这种化学转化可以发生于玄武岩(Prévot et al., 1981; van Velzen and Dekkers, 1999)、黄土(Liu et al., 2004, 2007)、红层(Liu et al., 2011)，以及土壤(Liu et al., 2010; Liu et al., 2012; Lu et al., 2012)之中。发生在洋壳中的钛磁铁矿的低温氧化使其剩磁记录更加复杂，例如在海洋磁异常条带中大量的深海玄武岩因为低温氧化而无法携带热剩磁(TRM)(Marshall and Cox, 1971; Özdemir and Dunlop, 1985; Smith, 1987; Xu et al., 1997; Wang et al., 2006)。岩石在冷凝后遭受到的长期氧化可能会造成剩磁记录强度和方向上的改变，这很大程度上影响了古地磁场信息的提取(Watkins, 1967; Gallagher, 1968; Johnson and Merrill, 1973; Haneda and Morrish, 1977; Özdemir and Dunlop, 1985, 2010; Cui et al., 1994)。

钛磁铁矿的低温氧化过程是在自然条件下的风化过程(Özdemir and Dunlop, 1985; van Velzen and Dekkers, 1999)。氧化过程首先从矿物表面开始，矿物表面的 Fe^{2+} 逐步被氧化为 Fe^{3+}。之后矿物内部的 Fe^{2+} 逐渐向表面移动并被移走或与氧气发生反应，从而形成了一个新的晶体壳层(O'Reilly, 1984)。随后的氧化反应是由内外 Fe^{2+} 浓度梯度驱动的固体扩散过程，Fe^{2+} 从浓度较高的内部逐渐向外部扩散，并造成了内部晶格的缺位。由于新生成的氧化壳层具有隔绝氧气的作用，并且低温下固体扩散速度很低(Gallagher, 1968; Askill, 1970)，结果形成了由一个氧化壳层包裹着未经氧化的内核的结构，即核壳结构(core-shell structure)。

从 1960 年以来，人们即已经对核壳结构进行了广泛的研究(Gallagher, 1968;

Banerjee et al., 1981；Özdemir and Dunlop，1993，2010；Cui et al.，1994；van Velzen and Dekkers，1999），使用的研究方法包括 X 射线衍射（X-ray）、化学分析、穆斯堡尔谱分析和磁学特征分析。特别地，Cui 等（1994）通过岩石磁学实验发现表面氧化的 MD 磁铁矿颗粒具有 PSD 的宏观磁学性质，对此他们提供了三种可能的解释：第一，氧化磁铁矿的磁学特征由 PSD 的内核所主导，这种行为是独立于磁赤铁矿壳层的；第二，核壳边界因为氧化形成的错位而产生的应力会增加磁畴壁的能量，使得磁性矿物内部无法形成新的畴壁，从而产生 PSD 的磁学特征；第三，由于研究对象为粉末样品，低温氧化之后完全氧化的磁赤铁矿 SD 颗粒和几乎未经氧化的磁铁矿 MD 颗粒综合表现出 PSD 的磁学特征。

Liu 等（2004）研究发现中国黄土中表面氧化的 PSD/MD 粒级磁铁矿颗粒即使被加热至 700℃ 时仍然具有明显的 Verwey 转化特征（Özdemir et al.，1993；Cui et al.，1994），这说明氧化磁铁矿的磁铁矿内核一直存在。Liu 等还认为磁铁矿的内核即使在强烈的化学或物理条件作用下，仍然能够稳定存在。Özdemir 和 Dunlop（2010）提出了鉴定磁铁矿氧化程度的一种低温磁学方法，并且他们认为在部分氧化磁铁矿的核壳边界处可能存在一个转换边界，在这个转换边界上磁铁矿的氧化程度是逐步变化的。然而，除了 Özdemir 和 Dunlop（2010）的研究之外，很少有人对磁铁矿的整个低温氧化过程和磁学特征进行过系统的研究。并且，其内部化学结构对于氧化磁铁矿的宏观磁性质究竟有什么影响，前人对此仍然缺乏足够的认识。

微磁模拟方法能够有效地研究微纳米级颗粒内部的磁学行为（Schabes and Bertram，1988；Williams and Dunlop，1989；Fidler and Schrefl，2000），但是前人很少将微磁模拟应用于多相铁氧化物的研究之中。而且，虽然 MD 和大颗粒 PSD 的氧化结构已经被定性地提及（Cui et al.，1994；Özdemir and Dunlop，2010），但是对于在古地磁中起决定性作用的小颗粒（SD 颗粒和较小的 PSD 颗粒）磁性矿物，其低温氧化后的内部磁化特征以及核壳结构仍然缺乏研究。因此如果尝试从微磁模拟、系统的氧化实验和岩石磁学测试三位一体的角度探索细颗粒磁铁矿的低温氧化行为，将能够系统地研究磁铁矿在整个氧化过程中的宏观和微观磁学特征，并能深入理解化学剩磁的有效提取及其在古地磁学上的重要性。

1.5 本书的研究思路和章节安排

1.5.1 本书的研究思路

从以上问题的研究综述可以看出，在实践中，通过微磁模拟方法得到研究对象的剩余磁化强度以及清晰的磁化结构图像，并以此为解释基础，结合电子显微技术和岩石磁学技术，可以有效地研究矿物磁化机制中存在的基本问题。

本书的研究思路和技术路线如图 1-2 所示。书中针对矿物磁学中的两个基本问题，使用微磁模拟技术，并结合电子显微技术和岩石磁学技术三位一体的研究方法，分别以合成磁铁矿、生物磁小体和氧化磁铁矿为研究对象，重点研究：①具有粒径分布、形状因子的磁铁矿颗粒集合的剩磁记录机制；②生物磁小体链对外场的记录响应；③化学转化对于磁性矿物磁场记录的影响。通过这些研究，认识不同物性、不同环境条件下磁性矿物内部的磁化结构，从而达到研究其剩磁记录机制的目的。同时这些研究也证实了微磁模拟与实验相结合在磁学研究中的运用效果。

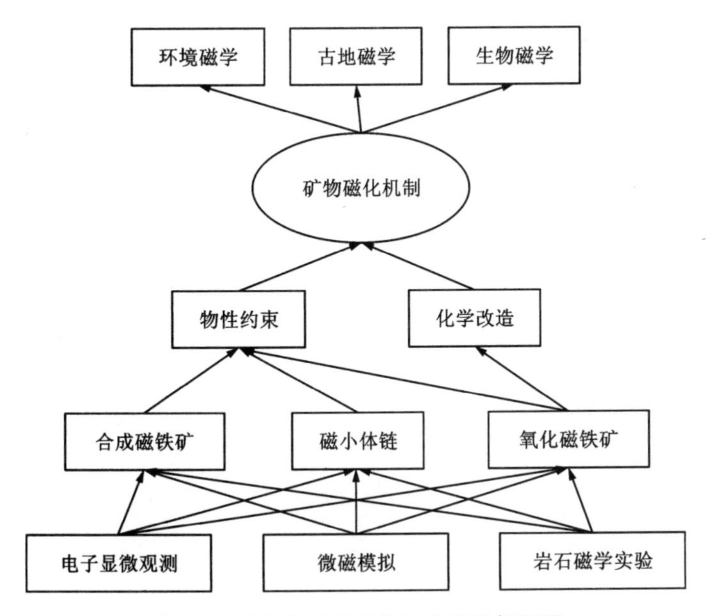

图 1-2 本书研究思路和技术路线框架图

1.5.2 本书的章节安排

本书共分8章：第1章(本章)，主要介绍矿物磁学的科学意义，并针对矿物磁学研究中存在的问题，引入微磁模拟与实验相结合的方法，并介绍了微磁模拟在古地磁学中的特殊性和发展，提出本书的研究思路和研究内容等；第2章，在简要介绍物质磁性的基础上，详细阐述了微磁模拟的理论基础和计算方法；第3章，综合使用微磁模拟、透射电镜和岩石磁学技术，系统研究具有不同粒径分布和拉长程度的磁铁矿颗粒集合(模拟地质样品)的磁学特征、内禀磁化结构和磁场记录机制；第4章，以天然样品趋磁细菌AMB-1为例，通过实验磁学、微磁模拟和统计模拟方法，研究了生物合成磁铁矿颗粒集合的剩磁各向异性和内禀磁化结构，并讨论了识别沉积物中生物磁小体的可能性及其古地磁学意义；第5章，通过综合运用岩石磁学方法、化学实验方法和微磁模拟方法，系统研究了低温氧化环境对磁铁矿磁记录的影响，深入探讨了化学改造对于古地磁记录可靠性的影响；第6章，通过微磁模拟方法研究了多层核壳模型的磁滞参数和磁畴微结构随氧化态的变化规律，首次证明了磁不稳定区域可以影响地质样品的磁性，尤其以细颗粒为主的古地磁样品的影响最大；第7章，通过微磁模拟方法，研究了磁不稳定区域内截角八面体模型的磁铁矿颗粒，观察其内部磁化特征以及加场下的演化规律，以此探究其对古地磁研究的具体影响；第8章，对全书进行总结，并对将来的工作提出了展望。

第 2 章　微磁模拟的研究方法

微磁模拟在古地磁研究中的应用与其在材料科学中的应用相比，既有共同点，又有自己的特殊性。由于本章涉及全书中微磁模拟在古地磁学研究中的所有理论基础，因此本章将先从微观机制阐述物质磁性的起源，介绍微磁模拟中的主要能量方程和微磁模拟的动力学方程；然后介绍微磁模拟算法，以及其在古地磁学研究中使用到的模拟磁滞回线方程、粒径分布和统计分布方程；最后简要阐述微磁模拟在古地磁学中的研究进展。

2.1　物质的磁性理论简介

中国是世界上最早发明指南针的国家，中国人和希腊人在古代就已经知道了天然磁石(磁铁矿)具有吸引力的特征。近代磁学的发展开始于 19 世纪前期，随后法国著名的物理学家安培(Ampere)系统地研究了磁性现象，提出了分子电流假说。1894 年，居里(Curie)通过对物质磁性的研究发现了顺磁磁化率与温度成反比的实验定律(居里定律)。1905 年朗之万(Langevin)通过将经典统计学运用于原子磁矩系统，首次从理论上将这一定律推导出来。随后，外斯(Weiss)提出分子场理论，认为分子场大小正比于磁矩大小，从理论上解释了矿物自发磁化的机理(居里-外斯定律)。分子场理论也是微磁学理论的基础。然而，外斯并没有给出分子场的起源。随着量子力学的蓬勃发展，弗伦克尔(Frenkel)和海森堡

(Heisenberg)最早从量子力学角度解释了分子场的起源，即其起源于电子之间的相互作用，并与电子的自旋方向有关。这种与库伦作用类似的量子力学作用称为交换作用。交换作用的本质源于泡利不相容原则(Pauli principle)，正是由于交换作用的存在，在铁磁材料中的原子磁矩都是有序排列的。因此交换作用是铁磁性物质的磁性起源。

从本质上讲，任何物质都具有磁性。微观机制的不同导致了物质的宏观磁性不同，一般可以分为顺磁性、抗磁性、铁磁性等(朱岗崑，2005)。一般顺磁性和抗磁性物质磁性都非常弱，不能记录剩余磁化强度。因此古地磁学研究中关注的是铁磁性物质，且具体的研究对象是铁的氧化物。

铁元素占地壳总质量的5%，其丰度在金属元素中仅次于铝元素，在所有元素中仅次于氧、硅、铝。在陨石和月岩中，金属铁是主要的载磁矿物；而在地球上，主要的载磁相是铁氧化物或者铁钛氧化物，其中包含了二价铁离子和三价铁离子。铁含有一个未完全填充的3d电子壳层，其中包含了一些未配对电子，使铁本身具有一个永久磁矩。

磁矩是通过电子自旋(S)的量子效应所产生的。每个电子具有1/2的自旋数并产生一个玻尔磁子的磁矩($1\mu_B=9.274\times10^{-24}$ Am^2)。Fe^{3+}在3d壳层中包含5个未配对电子($S=5/2$)，使其具有5个玻尔磁矩。Fe^{2+}包含4个未配对电子，因此具有4个玻尔磁矩。另外在很多元素中电子的轨道角动量(L)也会产生磁矩。在Fe^{3+}当中，由于3d壳层中电子半填充，因此$L=0$，使得轨道角动量对磁矩没有影响。在Fe^{2+}($L=2$)中，由于周围氧配体的静电相互作用，几乎所有的轨道贡献都可以被忽略(淬冷现象)，使得电子自旋的贡献占总磁矩的主要部分(95%)。

量子力学对物质的磁性起源做了很好的解释，然而，将原子级别的量子力学理论应用于解决宏观磁性矿物却是不实际的。目前可行的方法是将具有磁性的原子看作连续的介质，运用经典力学方法进行处理，这就是技术磁化理论的基本出发点。技术磁化理论包含磁畴理论和微磁学理论。与磁畴理论相比，微磁学无需对磁畴和畴壁做特别的假设，它们在计算中将被作为微磁模拟的结果推导出来，并且能够给出清晰的磁化结构图像。因此在研究磁性矿物的微观磁学机理时，微磁模拟具有不可替代的优势。

微磁学最早的理论是由苏联著名的物理学家Landau和Lifshitz(1935)创立的，其后Stoner-Wohlfarth(1948)提出了单个磁颗粒磁滞回线的计算方法，Gilbert(1955)给出了具有阻尼项形式的磁矩运动方程，后被称为Landau-Lifshitz-Gilbert

方程，Brown 和 La Bonte(1965)运用微磁学手段对薄膜磁畴进行了数值计算，这是最早的微磁计算之一。也正是 Brown 在 1958 年命名了微磁学(micromagnetics)一词(Brown，1958，1963)，现如今微磁学已经发展成为磁学理论研究的主流方法之一。

2.2　微磁学中的各种能量

微磁学理论是以磁化矢量为基础进行计算的，即直接通过铁磁材料体系内磁化矢量的运动方程求解磁化过程。微磁模拟的主要假设是在一定温度下，磁化强度矢量 $\boldsymbol{M}$ 是位置的连续函数，且在整个材料中大小保持不变。微磁模拟处理铁磁材料的磁化过程是从总的吉布斯自由能(magnetic Gibbs's free energy)开始的(Brown，1963)，其能量：

$$E_{\mathrm{t}} = E_{\mathrm{e}} + E_{\mathrm{a}} + E_{\mathrm{m}} + E_{\mathrm{h}} + E_{\mathrm{s}} \tag{2.1}$$

其中，E_{e} 为交换作用能；E_{a} 为磁晶各向异性能；E_{m} 为静磁能；E_{h} 为外场能；E_{σ} 为磁弹性能。当磁性材料达到平衡磁化状态时，意味着其内部能量处于一个局部极小值，外磁场的任何微小变化都会改变总自由能的大小，从而形成新的平衡态。

2.2.1　交换作用能

磁矩的定向排列是由一种叫作“交换能”的量子效应驱动的。当原子的电子云发生重叠时，整个系统内电子的分布必须遵循泡利不相容原理(即两个电子不可能同时处于一个量子状态)。这意味着相邻铁原子平行的电子自旋与反向平行的电子自旋的电子密度分布必然是不同的。这就使系统内的静电能变得不同，从而选择某一模式而不是其他别的模式。对于一对电子自旋，其相互作用能的表达式为：

$$\varepsilon_{\mathrm{e}} = -2J_{ij}\boldsymbol{S}_i \cdot \boldsymbol{S}_j \tag{2.2}$$

其中，J_{ij} 是交换积分常数，通常认为是与晶格位置无关的常数，记为 J；$\boldsymbol{S}_i$ 和 $\boldsymbol{S}_j$ 为两个铁原子的电子自旋。

交换作用能影响磁矩的有序状态，可以通过使相邻磁矩方向平行或者反平行排列而达到最小。当 $J_{ij}>0$ 时，即 S_i 平行于 S_j 时交换相互作用能最小(铁磁性排列)。$J_{ij}<0$ 时，即 S_i 反平行于 S_j 时交换相互作用能最小(反铁磁性排列)。整个

体系的交换能为：

$$E_{\mathrm{e}} = \int_{\Omega} \frac{A}{M_{\mathrm{s}}^2}[(\nabla m_x)^2 + (\nabla m_y)^2 + (\nabla m_z)^2]\mathrm{d}V \tag{2.3}$$

其中，m_x、m_y、m_z 分别为磁化强度单位矢量 $\boldsymbol{m}$ 对于 x、y、z 轴方向的余弦；A 为交换常数，定义为：

$$A = C\frac{JS^2}{a} \tag{2.4}$$

其中，a 是晶格尺寸；S 是总的自旋量子数；常数 C 与晶格结构有关，对于简单立方、体心立方和面心立方分别是 1、2 和 4。

对于理想的软磁矿物(如磁铁矿)，定义一个特征长度即交换长度 l_{ex}：

$$l_{\mathrm{ex}} = \sqrt{\frac{2A}{\mu_0 M_s^2}} \tag{2.5}$$

在三维铁磁材料中交换长度一般为几个纳米，如磁铁矿中约为 9.6 nm。由于在微磁学中剖分单元须小于材料的交换长度以保证剖分单元磁矩的连续性，并准确探测磁畴的运动状态，因此限制了数值模拟中剖分单元的尺寸，使得微磁模拟的计算量很大。

2.2.2 磁晶各向异性能

在无外加场作用的情况下，有序结构的磁矩通常会自动排列在磁晶“易磁化轴”方向上，这种所谓“磁晶各向异性”的现象，来自电子自旋和轨道贡献的耦合作用。每种结构都具有两个或两个以上的易磁化轴，它们被“难磁化轴”所分开。作为磁化方向的函数，磁能的变化也可以用能量面表示，该表面上磁能最小区(易磁化轴)被能垒(难磁化轴)分隔开来。常见的磁晶各向异性能包括单轴各向异性和立方各向异性。

单轴各向异性是磁晶各向异性的最简单形式，即自发磁化的稳定方向(即易磁化方向)平行于一特殊晶轴。在六角晶系中，我们取[0 0 0 1]为基面法线方向，磁化强度矢量 $\boldsymbol{M}$ 与基面法线方向的夹角为 ψ，则单轴各向异性能的密度可以表示为：

$$E_{\mathrm{a}} = \int_{\Omega}(K_{\mathrm{u1}}V\sin^2\psi + K_{\mathrm{u2}}V\sin^4\psi + ...)\mathrm{d}V \tag{2.6}$$

其中，K_{u1} 和 K_{u2} 都是各向异性常数；Ω 为铁磁材料所在的积分区域；V 为材料体积。由公式(2.6)可知，如果 $K_u>0$，则易磁化轴方向在六方轴上，当 ψ 为 0°和 180°时，各向异性能最小。相反，如果 $K_u<0$，则当 $\psi=90°$时，各向异性能最小，因此基面对应易磁化平面，又称为面各向异性。

具有单轴各向异性的代表磁性矿物是赤铁矿。赤铁矿的磁化强度机制复杂，其中一种机制是由其六角基面内的电子自旋斜交(spin-canting)引起的。在这一基面内，其各向异性常数很小，磁化强度可以自由转动。而在垂直基面的方向，磁晶各向异性能很大。

在立方晶体中，设[1 0 0]、[0 1 0]、[0 0 1]为坐标轴的三个方向，α_1、α_2、α_3 为磁化强度矢量 $\boldsymbol{M}$ 的方向余弦，则立方各向异性可表示为：

$$E_a = \int_{\Omega} K_1(\alpha_1^2\alpha_2^2 + \alpha_2^2\alpha_3^2 + \alpha_3^2\alpha_2^1) + K_2(\alpha_1^2\alpha_2^2\alpha_3^2)\,\mathrm{d}V \tag{2.7}$$

其中，K_1 和 K_2 为立方晶系的磁晶各向异性常数，它们的大小代表了铁磁材料沿不同晶轴方向饱和磁化所需要做功的差异。

磁铁矿和磁赤铁矿是典型的立方晶体，其易磁化轴位于[1 1 1]方向，难磁化轴位于[1 0 0]方向。其磁晶各向异性能即沿着这两个方向使其达到饱和时所需能量的差值。磁晶各向异性能可以通过使磁化方向沿着易磁化轴达到最小。

各向异性是矿物磁学中最重要的概念之一(Harrison and Feinberg, 2009)。一旦磁性颗粒沿易磁化轴磁化，如果热能的大小不超过能垒，磁化方向将一直保持不变，即剩余磁化强度被“阻挡(block)”了，剩磁将稳定地保存超过百万年甚至几十亿年之久。如果温度超过了颗粒的“阻挡温度”，由于热能的扰动，磁化状态将被“解阻(unblock)”并在几个易磁化轴之间摇摆，剩磁也因此消失，这种状态被称为“超顺磁状态”。因此磁晶各向异性是获得剩磁的关键，也是古地磁学存在的基础。

2.2.3 静磁能

静磁能 E_m 是等效磁偶极子的相互作用能，是由磁体形状诱导的各向异性能。静磁能以退磁能 E_d 为主体，并包含其他诱导各向异性能(如表面能 E_s)。

退磁能也可以看作形状各向异性能，对于磁铁矿等许多矿物，单单依赖磁晶各向异性不足以有效地记录剩磁。在这种情况下，退磁能发挥了作用。它是由于单个颗粒拉长的形状引起的，其表达式为：

$$E_d = -\frac{1}{2}\int_{\Omega} \mu_0 \boldsymbol{M} \cdot \boldsymbol{H}_d \,\mathrm{d}V \tag{2.8}$$

其中，$\boldsymbol{H}_d$ 为退磁场，其一般表达式为：

$$\boldsymbol{H}_d(\boldsymbol{r}) = \frac{1}{4\pi}\int_{\Omega}\boldsymbol{M}(\boldsymbol{r}') \cdot \left[\frac{3(\boldsymbol{r}-\boldsymbol{r}')(\boldsymbol{r}-\boldsymbol{r}')}{|\boldsymbol{r}-\boldsymbol{r}'|^5} - \frac{1}{|\boldsymbol{r}-\boldsymbol{r}'|^3}\right]\mathrm{d}V' \tag{2.9}$$

其中，$\boldsymbol{r}'$为积分单元内的矢径；V'为积分对象体积。

当磁化强度 $\boldsymbol{M}$ 穿过磁性颗粒表面时，会使表面产生北极(N)或者南极(S)“磁荷”。当沿其长轴磁化时，N 极与 S 极的距离要大于垂直长轴方向的磁化距离。表面磁荷将产生一个与外加磁场方向相反的内部磁场(从 N 极指向 S 极)。因为退磁场随着磁极距离的增加而减小，所以沿长轴磁化的退磁能要比垂直长轴磁化的能量低。对于一个无限长的针状物，沿垂直方向磁化所需的能量是沿针形拉长方向磁化所需要的能量的 2 倍。

退磁能主要源于磁体表面磁极(等效磁偶极子)作用，表面磁荷越小，退磁能越低。因此可以通过使表面磁荷尽可能地远离磁体而达到最小，或者通过将颗粒分割为一系列的磁畴可以使磁化方向平行于颗粒表面，从而几乎消除颗粒表面的磁荷和退磁能。

在微磁计算中，退磁场和退磁能的计算是最困难和最费时间的。因为这是一项长程相互作用能，需要计算六重积分。近年来发展的快速傅立叶(fast Fourier transform)方法(Fabian et al.，1996b)，是目前微磁模拟领域求解退磁场和退磁能使用最广泛的方法，对于剖分单元数为 N 的铁磁材料模型，它把计算量从 N^2 降低到 $N\ln N$，显著提高了运算速度。

表面能 E_s 又称作表面各向异性能。在磁体表面的自旋，由于其所处环境和对称性与体内的自旋不同，会产生表面各向异性能。其产生的原因有很多，比如由于表面交换能作用产生各向异性等。表面各向异性能的作用总是促使表面原子自旋平行或垂直于磁体表面。表面能可以表示为：

$$E_s = \frac{1}{2}K_s\int_{\partial\Omega}(\boldsymbol{n} \cdot \boldsymbol{m})^2\mathrm{d}S \tag{2.10}$$

其中，K_s 为表面各向异性常数；$\boldsymbol{n}$ 为磁体由内向外的法向方向单位矢量；$\boldsymbol{m}$ 为磁化强度单位矢量。

式(2.10)表明表面各向异性能只依赖于磁体的表面形状，Néel(1954)推断其是由颗粒表面原子作用产生的，作用距离约为纳米量级，可见表面能的贡献是很弱的，因此在微磁计算中也常常被略去。

2.2.4 外场能

原子的磁偶极矩与外加磁场之间的相互作用即外场能，又称作 Zeeman 能。对于单位体积均匀磁化的磁体，其磁化强度为 $\boldsymbol{M}$，在外场 $\boldsymbol{H}$ 的作用下，磁性颗粒受到的力矩为 $\boldsymbol{L}$：

$$\boldsymbol{L} = \mu_0 \boldsymbol{M} \times \boldsymbol{H} \tag{2.11}$$

磁性颗粒磁矩在转向外场的过程中，力矩的作用使磁性颗粒在磁场中的位能降低，磁性颗粒这部分降低的磁能即外场能。外场能的密度函数为：

$$\varepsilon_{\mathrm{h}} = -\int \boldsymbol{L} \mathrm{d}\theta = -\mu_0 \boldsymbol{M} \cdot \boldsymbol{H} \tag{2.12}$$

对于整个磁体系统的外磁场能，则是对上式进行体积分，即：

$$E_{\mathrm{h}} = -\int \mu_0 \boldsymbol{M} \cdot \boldsymbol{H} \mathrm{d}V \tag{2.13}$$

由式(2.8)和式(2.13)可以看出，外场能与退磁能的计算公式是相似的。因此，外场能亦可看作外场中磁体静磁能的一部分，但相对于复杂的内退磁场 $\boldsymbol{H}_{\mathrm{d}}$，外磁场 $\boldsymbol{H}$ 是恒定不变的。因此为了方便求解，外场能在微磁模拟中常常被单列出来进行计算。

2.2.5 磁弹性能

当铁磁材料受到应力作用时，晶体将发生一定的形变，这使铁磁材料除了由于形变而产生的弹性能外，还存在着由外应力作用而产生的形变与磁矩耦合所产生的能量，即磁弹性能，亦称作磁应力能。其中应力可能来自外加应力，也可能来自材料加工或者磁性矿物生成时产生的残余内应力。对于立方晶体，其磁弹性能密度为：

$$\begin{aligned}\varepsilon_{\sigma} = & -\frac{3}{2}\sigma \lambda_{[100]}(\alpha_1^2\gamma_1^2 + \alpha_2^2\gamma_2^2 + \alpha_3^2\gamma_3^2) - \\ & 3\sigma \lambda_{[111]}(\alpha_1\alpha_2\gamma_1\gamma_2 + \alpha_2\alpha_3\gamma_2\gamma_3 + \alpha_3\alpha_1\gamma_3\gamma_1)\end{aligned} \tag{2.14}$$

其中，σ 为应力强度；$\lambda_{[100]}$和 $\lambda_{[111]}$为沿晶体[1 0 0]和[1 1 1]晶向的磁致伸缩系数；α_1、α_2、α_3 分别为磁化强度矢量 $\boldsymbol{M}$ 与三个坐标轴之间的夹角余弦；γ_1、γ_2、γ_3 分别为应力 $\boldsymbol{\sigma}$ 与三个坐标轴之间的夹角余弦。

设 β 为应力 $\boldsymbol{\sigma}$ 与磁化强度矢量 $\boldsymbol{M}$ 之间的夹角为，当 $\lambda_{[100]} = \lambda_{[111]} = \lambda_{\mathrm{s}}$ 时，体系磁弹性能可以简化为：

$$E_{\sigma} = -\frac{3}{2}\int_{\Omega}\sigma\lambda_{s}\cos^{2}\beta \mathrm{d}V \tag{2.15}$$

这种由磁体形变产生的磁弹性能，本质仍为静磁能。一般都可以写成单轴各向异性的形式，如式(2.6)所示。对于主要的自然磁性矿物如磁铁矿，磁弹性能通常要比E_a、E_e、E_m小将近两个数量级(Fabian and Heider，1996)，因此在微磁模拟计算中常常被忽略。

2.3 微磁学的静态描述

综合微磁学中的各种能量可知，一般情况下铁磁材料的磁化强度主要受控于磁晶各向异性能、退磁能、交换作用能和外场能作用。所以公式(2.1)可以近似简化为(Williams et al.，2010)：

$$E_t = E_a + E_d + E_e + E_h \tag{2.16}$$

Brown(1963)通过变分方法使自由能E_t最小化，即假设磁化矢量的方向在空间内是连续的且随位置变化仅有微小变化。对公式(2.16)取极小值，并定义有效场：

$$\boldsymbol{H}_{\mathrm{eff}} = -\frac{1}{\mu_0 M_s}\frac{\partial E_t}{\partial \boldsymbol{m}} \tag{2.17}$$

使用变分原理最终可得到简化的布朗方程：

$$\mu_0 M_s \boldsymbol{m} \times \boldsymbol{H}_{\mathrm{eff}} = 0 \tag{2.18}$$

即当能量极小时，磁体中各处的磁化强度单位矢量$\boldsymbol{m}$与有效场$\boldsymbol{H}_{\mathrm{eff}}$方向是一致的。布朗方程是静态微磁模拟方法，简单来说，磁体内部磁化状态达到平衡的过程，是一个自由能达到最小并稳定下来的过程。

2.4 微磁学的动态描述

自由能最小化描述了体系处于平衡状态时所需要满足的条件，但并没有解决：①如果体系最初没有处于平衡状态，将以何种方式达到平衡状态的动态过程；②如果外场是时变场，磁体内部磁化矢量又应该如何响应；③因为磁体系统内可能存在几个局域极小能量状态，因此静态方法可能无法得到最小能量状态，这时通过静态的能量极小化方法将不能很好地预测真正的磁化矢量分布情况。

铁磁体的磁化过程实际是一个动态过程，当磁化强度分布从一个状态过渡到另一个状态时，遵循 Landau-Lifshiz-Gilbert 方程(Gilbert，1955)：

$$\frac{\mathrm{d}\boldsymbol{M}}{\mathrm{d}t}=-\frac{\gamma}{1+\alpha^2}\boldsymbol{M}\times\boldsymbol{H}_{\mathrm{eff}}+\frac{\alpha\gamma}{(1+\alpha^2)M_{\mathrm{s}}}\boldsymbol{M}\times(\boldsymbol{M}\times\boldsymbol{H}_{\mathrm{eff}}) \tag{2.19}$$

其中，γ 是电子的旋磁比；α 是衰减常数；$\boldsymbol{H}_{\mathrm{eff}}$ 是每一个磁矩感受到的有效磁场。

如图 2-1 所示，公式(2.19)右边的第一项是进动项，是通过量子力学方法推导出来的有效磁场下的电子自旋状态，表示 $\boldsymbol{M}$ 围绕 $\boldsymbol{H}_{\mathrm{eff}}$ 进动；第二项是阻尼项，是实验观测到的，采用唯像学加入的电子自旋的衰减状态，表示 $\boldsymbol{M}$ 围绕 $\boldsymbol{H}_{\mathrm{eff}}$ 旋转，并且能量不断散失。复杂的畴态和畴内的自旋结构使总自由能变得最小，不同的畴态对应不同的局域能量最小值。如果外场足够大，磁体内部的磁能将克服局域的最小能态，遵循动力学方程(2.19)的变化，最终稳定下来达到最小能态。

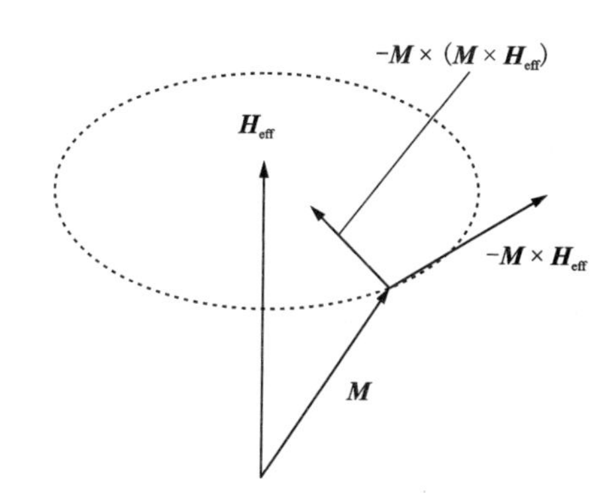

图 2-1　有效磁场下电子自旋有阻尼的磁化运动

2.5　微磁模拟的数值方法

用微磁模拟磁体的磁化过程，首先需要对研究的铁磁系统进行剖分，将物理问题转化为数值计算的数学问题，然后利用数值方法求解磁体的各种能量，最后运用自由能最小化方法，或者在求取有效场后使用动力学方法求解磁化强度矢量分布或者磁化强度矢量随外场变化的动态图像。

三维微磁学算法的离散化方法包括两种，即有限差分法(FDM)和有限单元法(FEM)。二者最明显的区别是划分网格的形状不同。有限差分法可以使用快速傅立叶变换加快运算速度，但是剖分单元单一，因此不规则形状的计算精度不高。但是具有算法表达和运用形式简单、计算效率较高等优点，适于模拟计算形状较规则的样品。Fredkin 和 Koehler(1987，1990)首先提出采用有限单元法进行微磁模拟。有限单元法中的网格多为四面体，且网格的大小不同，虽然不能进行快速傅立叶变换，计算时间相对较长，但是可以对任意形状的颗粒进行合理剖分，更接近实际。Koehler 等人还研究了采用有限元和边界元(BEM)相结合的微磁计算方法(Koehler，1997)，结果表明，这种方法不仅可以计算任意形状的铁磁材料，而且计算速度较快。

在微磁学模拟中，由于退磁能的计算非常消耗时间，除了使用快速傅立叶变换(FFT)计算退磁场以外，人们开始研究微磁学的并行计算方法。Scholz 等人采用有限元方法开发出了可以进行并行微磁计算的软件包 Magpar(Scholz et al.，2003)，Nagy 等人提出了基于微分方程工具包 FEniCS 的有限元微磁模拟的并行算法(Nagy et al.，2013)，可以在并行计算机和计算机群(Cluster)上进行高效率的并行计算。

在实际微磁模拟过程中，首先结合实验设计磁性颗粒的粒径、形状，并进行适当剖分。剖分单元应大于材料晶格常数以保持磁化强度矢量的连续性，且小于材料的交换长度以准确探测磁畴的运动状态。运用总自由能最小的方法进行微磁学求解快速而且有效(Schmidts and Kronmüller，1994)，但是这种算法有时因为仅能达到局域极小能态，因此可能会出现错误的收敛状态。而运用 LLG 方程求解微磁学的动态过程更加准确，但会占用更多的计算时间。因此实际计算中通常使用二者混合的算法(Williams et al.，2006，2010)，即先进行自由能最小的初始预测计算(initial guess)，然后求解 LLG 动态方程得出不同平衡状态下的微磁学图像和相关磁性参数，本书即使用了这种混合的算法。

2.6 磁滞回线

铁磁性物质在外场逐步增加的情况下被饱和磁化后，如果此时减小外加磁场，则物质的磁化状态将不再沿着初始磁化曲线返回零点，而是滞后于外加磁场的变化，这种现象称作磁滞现象。当外场减弱为零时，磁体仍具有一定的磁矩，即剩余磁化强度。随着外加磁场的反向增加，当磁场增加到一定值(矫顽力场)时，感应磁化强度衰减为零。随着磁场的继续增加，感应磁化强度最终达到反向饱和磁化。随后磁场从反向饱和磁场逐渐衰减直至磁体达到正向饱和磁化时，外加磁场将与磁体的感应磁化强度形成呈原点对称的闭合曲线，即磁滞回线。

由于微磁模拟通常可以得到磁性颗粒的微观磁化结构和磁化强度 $\boldsymbol{M}$，通过变化外加磁场，考察磁性颗粒感应磁化强度的变化，就可以模拟微观颗粒的磁滞回线。

2.6.1　磁滞回线的 Stoner-Wohlfarth(SW)模型

单畴颗粒被认为是古地磁学的理想研究对象。对于单畴铁的磁性颗粒，其结构内磁化强度的分布主要依赖于磁性颗粒的尺寸、静磁能和交换能。1948 年 Stoner 和 Wbmfarih 从理论上建立了无相互作用的具有单轴磁各向异性的单畴颗粒的磁滞回线模型(Stoner and Wohlfarth, 1948)，他们研究了椭球单畴可以在不同方向外磁场作用下的磁滞回线。Stoner-Wohlfarth 模型(简称 SW 模型)是一个与时间无关的物理模型，它描述了具有单轴各向异性的单畴颗粒(uniaxial SD，简称 USD)的磁化过程。

这个模型假设铁磁材料由多个无相互作用的单畴颗粒组成。每个颗粒中的磁化强度可以在任意方向自由旋转(如图 2-2 所示)。它的基本出发点是考虑磁矩在外加磁场下一致转动时体系自由能的最小化。该模型已成为描述磁化和反磁化过程的主要理论模型之一。

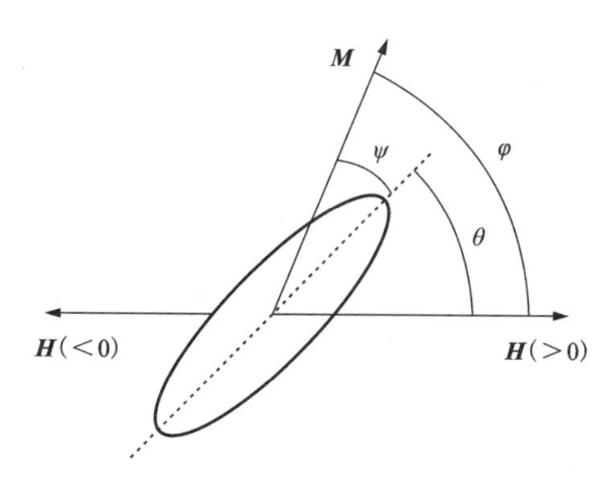

外加磁场 $\boldsymbol{H}$ 与易磁化轴的夹角为 θ，磁性颗粒的磁矩 $\boldsymbol{M}$ 与易磁化轴的夹角为 ψ，外加磁场 $\boldsymbol{H}$ 与颗粒磁矩 $\boldsymbol{M}$ 的夹角为 φ。

图 2-2　外加磁场下的一个磁性颗粒及其易磁化轴示意图

在该模型中，考虑一个具有单轴各向异性的单畴粒子(形状各向异性或者是磁晶各向异性)，当施加大小为 H 的外磁场时，其磁化强度将发生转动。此时，单位体系的总能量(不考虑交换作用能)表示为：

$$E_t = E_a + E_h = K_a \sin^2\psi - \mu_0 M_s \cos\varphi \tag{2.20}$$

其中，K_a 为各向异性常数。体系平衡时的 ψ 可以通过 Gibbs 自由能最小化得到：

$$\frac{\partial E_t}{\partial \psi} = 2K_a \sin\psi\cos\psi + \mu_0 M_s \sin\varphi = 0 \tag{2.21}$$

定义：

$$H_k = \frac{2K_a}{\mu_0 M_s} \tag{2.22}$$

则上式可表示为：

$$\sin\psi\cos\psi - \frac{H}{H_k}\sin\varphi = 0 \tag{2.23}$$

利用此式即可得到 φ 随外场变化的关系，从而得到理想单轴各向异性的磁滞回线，如图 2-3 所示。

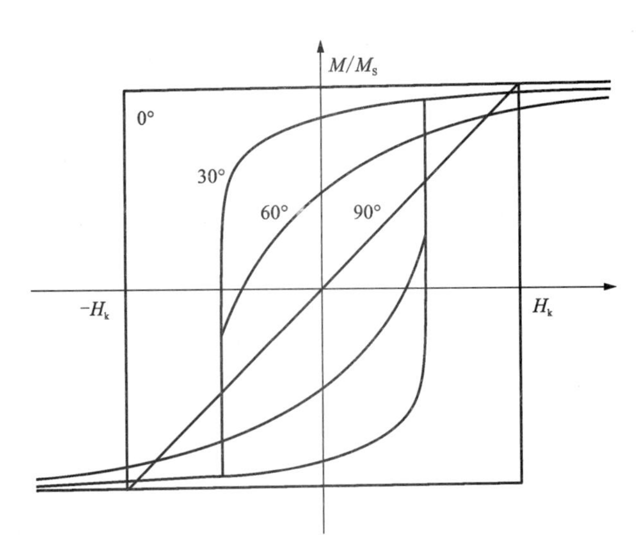

图中给出了外加磁场与易磁化轴的夹角 θ 从 0°变化到 90°的磁滞回线变化情况。

图 2-3　SW 模型磁滞回线示意图

(修改自 Stoner and Wohlfarth, 1948)

2.6.2　磁滞回线的应用地质意义

磁滞回线是岩石磁学实验中鉴定矿物磁学性质最常用的方法之一(潘永信等，1999)。铁磁性、顺磁性和抗磁性物质的磁滞回线具有明显区别。从磁滞回线上可以获得饱和磁化强度 M_s、饱和剩余磁化强度 M_{rs}、矫顽力 H_c、初始和高场磁化率等参数(Thompson and Oldfield，1986)。磁滞回线的形态可以指示样品中磁性矿物的磁畴状态。比如单畴[single domain，简称 SD，参见图 1-1(a)]颗粒的磁滞回线通常呈近“矩形”状态，而假单畴颗粒[pseudo-single domain，简称 PSD，参见图 1-1(b)，(c)]和多畴颗粒[multi-domain，简称 MD，参见图 1-1(d)]的磁滞回线通常呈“S”状态，而当有两种不同矫顽力矿物存在时，其磁滞回线可能会出现细腰型状态(Roberts，1995；Evans and Heller，2003)。

但实际上影响磁滞回线形态的因素有很多，包括矿物种类、颗粒大小、形状、相互作用和应力形态等。岩石磁学实验研究中，通常使用将磁滞回线与其他参数相结合的方法来对磁性矿物的种类、粒径和含量进行分析，如 Day 图方法(Day et al.，1977；Dunlop，2002)和一阶反转曲线方法(FORC)(Pike et al.，1999；Roberts et al.，2000)。

然而，从正演的角度，通过微磁模拟来研究理论磁体各种物性参数对磁滞回线的影响，借此反演地质样品中磁滞回线可能反映的磁性矿物的物理特性。另一方面，通过使用微磁模拟方法，根据地质样品实际的磁滞回线特性，不仅可以反演样品内部磁性矿物的种类、粒径和含量，而且能够精细考察样品内部的微观磁化结构与携带剩磁的机理。

2.7　粒径分布与统计分布

自然界样品以及实验室合成样品都具有一定的分布，因此为使模拟结果能够更好地与实验结果对比，在使用微磁模拟方法对模拟地质样品进行建模时，需要构建具有一定分布的颗粒集合才能逼近真实的地质样品。另一方面，由于微磁模拟能力的限制，在解释没有磁相互作用的地质样品时，需要将单颗粒或部分颗粒的微磁模拟结果进行粒径分布的统计，才能与实验结果进行对比解释。

在自然界中，对数正态分布是矿物颗粒非常普遍的分布模式(Wagner and Ding，1994；Eberl et al.，2002)。研究表明自然界岩石或沉积物中磁铁矿颗粒具有体积对数正态分布(Liu et al., 2005)，因此在计算时假设颗粒集合具有体积或粒径对数正态分布(Eyre, 1997)。此时粒径概率密度函数$f(d, d_m, \sigma)$为：

$$f(d, d_m, \sigma)=\frac{1}{\sqrt{2\pi}\sigma d}\exp\left(-\frac{(\ln d-\ln d_m)^2}{2\sigma^2}\right) \tag{2.24}$$

其中，d_m 为中值粒径；σ 为均方差。

需要考虑颗粒集合间的磁相互作用时，颗粒之间的平均距离 l_m 为(汪志诚，2009)：

$$l_m=\frac{V_{space}}{N}-d_m \tag{2.25}$$

其中，V_{space} 为颗粒分布空间的总体积；N 为颗粒总数。

在模拟研究外加磁场下可重新定向的拉长型磁铁矿或趋磁细菌磁小体链集合时，需要考虑拉长型磁铁矿(或磁小体链)的指向分布，当研究对象分布于 2D 结构(即片状结构)之内时，研究对象指向与外加磁场的夹角 θ 服从 Von Mises 分布[图 2-4(a)]，即研究对象的分布密度函数$f(\theta, \mu, \kappa)$为：

$$f(\theta, \mu, \kappa)=\frac{1}{2\pi I_0(\kappa)}\exp[\kappa\cos(\theta-\mu)] \tag{2.26}$$

其中，μ 为拉长型磁铁矿(或磁小体链)分布中心方向的位置，即外加磁场方向所在的位置，当沿外加磁场测量磁滞参数时，$\mu=0$；$I_0(\kappa)$为零阶贝塞尔方程(Bessel function)；κ 为精度参数，从图中可以看出，κ 值越大，研究对象的角度分布越集中，κ 值越小，研究对象的分布越平均化。特别地，当拉长型磁铁矿(或磁小体链)在 2D 结构自由分布时[图 2-4(a)]，分布密度函数$f(\theta)$简化为：

$$f(\theta)=\frac{1}{2\pi} \tag{2.27}$$

当拉长型磁铁矿(或磁小体链)分布于 3D 结构内时，研究对象指向与外加磁场的夹角 θ 服从 Fisher 分布[如图 2-3(b)所示]，即球面上与外加磁场夹角从 θ 到 $\theta+d\theta$，宽度为 $d\theta$ 的环带内研究对象的分布密度函数 $P_{d\theta}(\theta)$为：

$$P_{d\theta}(\theta)=\frac{\kappa}{2\sinh(\kappa)}\exp(\kappa\cos\theta)\sin\theta d\theta \tag{2.28}$$

其中，κ 为精度参数(Butler, 1992)。

与 2D 分布类似，研究对象的指向越集中于外加磁场方向，κ 值越大；反之 κ 值越小，表明研究对象在球面上的分布越平均化。特别地，当研究对象随机分布

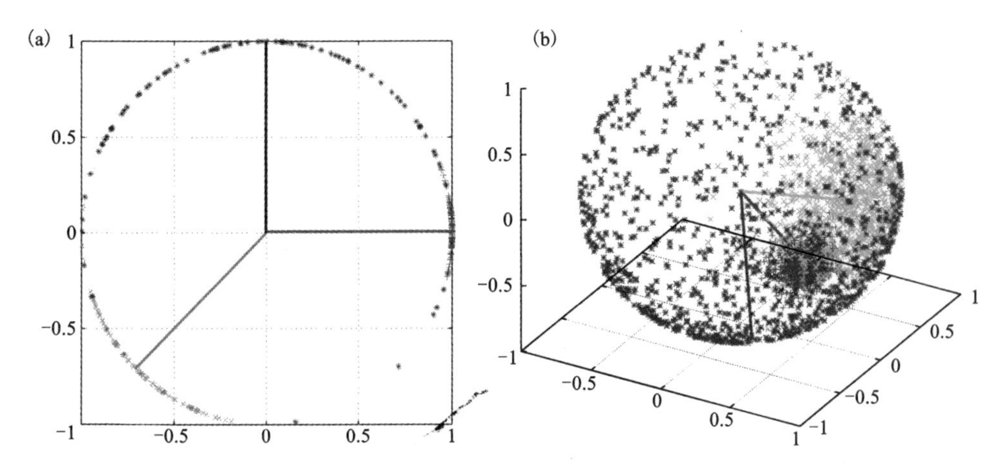

单位圆域和单位球球面边界的图标表示拉长磁铁矿(或磁小体链)的指向，红色、绿色和蓝色线段分别表示 3 种分布的中心位置，其与中心位置的夹角即 θ，红色十字、绿色叉号和蓝色星号分别表示精度参数 κ 为 100、10 和 1 时的数据分布，图中 2D 结构每个分布使用了 100 个数据，3D 结构每个分布使用了 1000 个数据。

图 2-4　2D 圆域 Von Mises 分布和 3D 球面 Fisher 分布示意图

于球面时，球面上从 θ 到 $d\theta$，宽度为 $d\theta$ 的环带内研究对象的分布密度函数 $P_{d\theta}(\theta)$ 简化为：

$$P_{d\theta}(\theta)=\frac{1}{2}\sin\theta d\theta \tag{2.29}$$

第3章　三维复杂形态的磁铁矿颗粒集合模拟

磁铁矿在地球科学以及材料科学中具有重要意义。其宏观磁学特征受到矿物粒径分布、相互作用、形状等多种因素的影响。传统的岩石磁学实验方法很难定量的解耦这些因素。为了深入研究磁性矿物的微观行为，微磁学方法逐渐受到大家的重视。该方法基于数值模拟，能够清晰地给出各种磁化状态下的磁化结构和能量图像。因此应用微磁模拟可以有效地解耦各种参数对于矿物宏观磁学性质的影响，弥补了岩石磁学实验的不足。但是前人的微磁学研究多集中在单一颗粒复杂形态磁铁矿的磁学行为(Williams et al., 2006, 2010)，或者多颗粒单一形态磁铁矿的磁学性质(Fukuma and Dunlop, 2006; Muxworthy and Williams, 2006)，很少对多颗粒复杂形态的磁铁矿磁学特征进行研究，这限制了微磁学模拟与实验之间的联系，因此很难对天然样品进行更有效的反演和应用。本章首次构建出接近实验统计数据的模型，然后通过微磁学模拟系统地讨论了模拟与实验结果的差异，这加深了我们对具有粒径分布的纳米磁铁矿性质的理解，同时探讨了复杂多颗粒磁铁矿模拟的古地磁学意义。

3.1　合成磁铁矿样品描述

为了检查统计模拟的可靠性，首先对已知合成样品的磁学参数进行微磁模拟标定。合成磁铁矿样品(由 Wright 公司合成，样品号：4000)的粉末特征与统计参数如图3-1所示。通过使用中国科学院地质与地球物理研究所200 kV下JEM-2100型透射电子显微镜(TEM)观察发现，由于磁相互作用强烈，磁铁矿颗粒多聚集成团状，但是仍可以从团簇边界识别出大量的单颗粒磁铁矿[图3-1(a)]。通过对多张透射电镜照片综合统计，共识别出1177个磁铁矿颗粒。统计发现，磁铁矿颗粒多具有一定的拉长程度，其形状因子q[$q=m/n$，即长轴m与短轴n之比)与等效粒径d($d=2(m\cdot n/\pi)^{1/2}$]均呈现偏峰分布[图3-1(b)，(c)]。经过对等效粒径求取对数分布发现，磁铁矿的等效粒径具有良好的对数正态分布趋势[图3-1(d)]。通过正态分布拟合最终得到磁铁矿颗粒中值粒径$d_m=79.1$ nm，中值形状因子(shape factor)$q_m=1.31$。

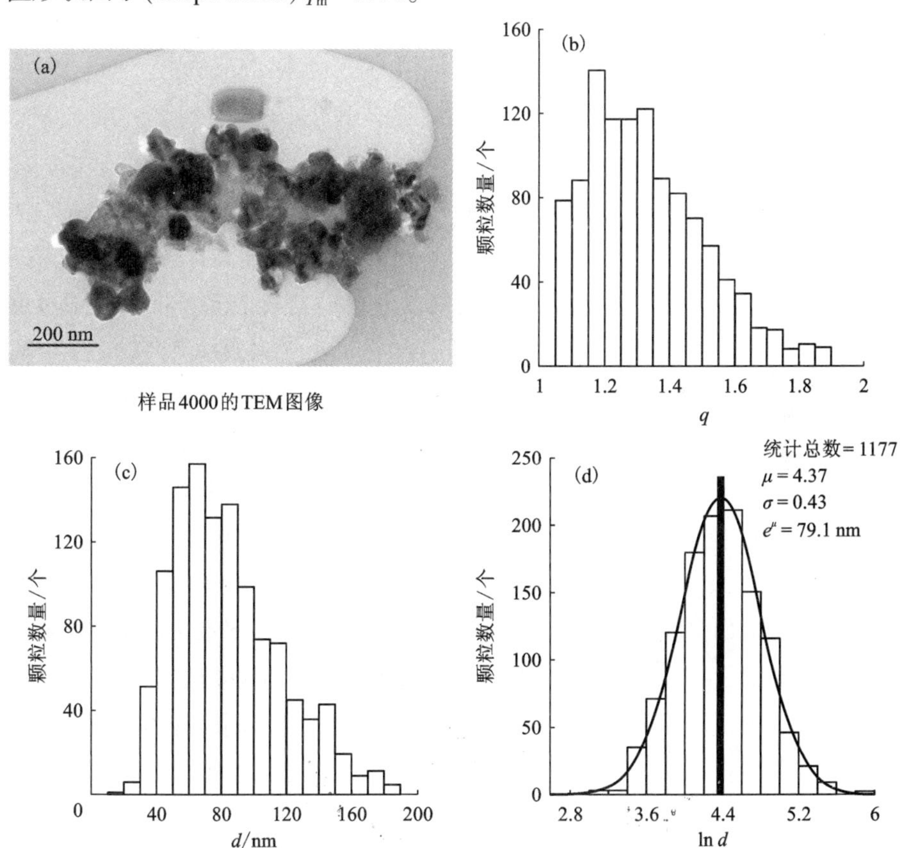

(a)磁铁矿颗粒的透射电镜(TEM)图像；(b)形状因子分布柱状图；(c)等效粒径分布柱状图；(d)粒径的对数分布柱状图，图中曲线表示数据的正态分布拟合，统计参数在右上角给出。其中，统计总数=1177；颗粒对数分布的平均值$\mu=4.37$；$\sigma=0.43$；颗粒实际平均值d_m，即$e^{\mu}=79.1$ nm，并使用黑色粗实线标记在柱状图中。

图3-1　样品号4000的磁铁矿粉末特征与统计参数

随后我们使用无磁 KBr 颗粒将氧化样品以质量分数 0.5%的比率进行稀释，然后将稀释的样品装入医用胶囊，使用中国科学院地质与地球物理研究所古地磁与地质年代学实验室 Micromag 3900 型振动样品磁力仪(VSM3900，测量精度为 5.0×10^{-10} Am^2)进行了磁滞回线的测试，其中加场区间为-1.0 Tesla 到 1.0 Tesla。数据经过高场顺磁校正后获得饱和磁化强度(M_s)、饱和剩磁(M_{rs})和矫顽力(B_c)。

3.2 磁铁矿颗粒集合的微磁模型

在此基础上，构建了与实验统计参数相匹配的微磁模型，即模型假定磁铁矿随机地分布于无磁性的自然矿物之中。由于本书仅讨论样品的磁学性质，因此无磁矿物所占据的空间可以被视为无矿物存在的空间，即相当于磁颗粒随机分布于三维空间内。首先，为了保证模拟颗粒之间具有一定程度的相互作用，我们将颗粒平均间距 l_m[式(2.25)]设定为中值粒径的一半(汪志诚，2009)，即 $d_m/2$。随后，假设样品具有相同的形状因子，而样品的粒径大小服从对数正态分布 $f(d)$[式(2.24)]，其中颗粒粒径对数的平均值 μ 和标准差 σ 均选择实际合成样品的统计结果作为输入参数[图 3-1(d)]，即 $\mu=4.37$，$\sigma=0.43$。

由于微磁模拟中未考虑热扰动影响，因此统计模型将生成的粒径区间控制在 25 nm 以上。通过以上参数并结合实际的计算能力形成的模拟统计结果，即 Model 4000 如图 3-2 所示。模拟共生成了 45 个磁铁矿颗粒，其等效粒径分布于 25~155 nm。统计模型(图 3-2)与合成样品数据分布结果[图 3-1(c)]具有很好的分布一致性。

将统计生成的多颗粒磁铁矿模型数据通过有限元分析软件 Cubit 进行三维绘图和剖分(Blacker et al.，1994)，如图 3-3 所示，不同大小的磁铁矿颗粒随机分布于球形空间内，其长轴方向(即易磁化轴)也呈随机分布[图 3-3(a)]。为了节约计算时间，并使模拟结果尽可能得细致准确，对模型颗粒使用不同的剖分单元进行剖分，即对小颗粒磁铁矿尽可能地使用小的剖分单元，对大颗粒使用较大的剖分单元[图 3-3(b)]。

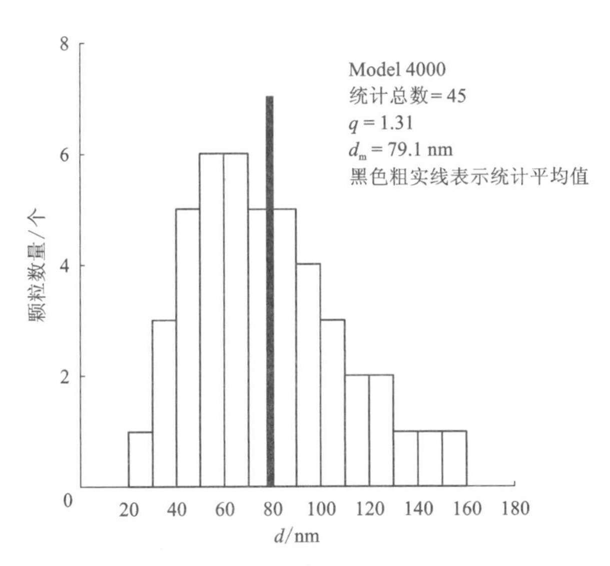

图 3-2　根据实验数据和公式(2.24)建立的 Model 4000 中颗粒分布柱状图

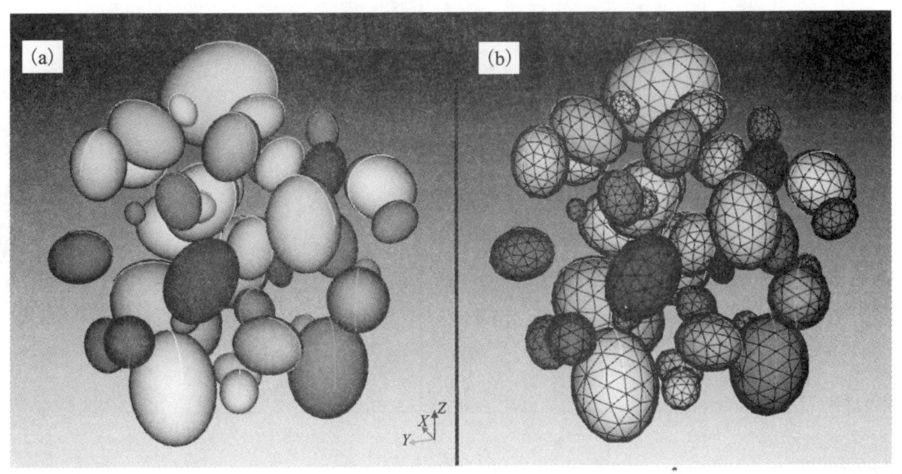

(a)有限元剖分前的分布模型，彩色椭圆形颗粒即拉长型磁铁矿颗粒模型。(b)是对(a)进行有限元剖分后的计算网格分布。

图 3-3　根据统计模型 Model 4000 建立的典型多颗粒磁铁矿空间分布模型

3.3 实验结果与模拟结果的对比

将剖分结果使用自由能最小与动力学方程相结合的方法(Williams et al., 2010)(参见本书第2章)进行了微磁模拟，为了进一步消除颗粒空间分布的不均一性，模拟对 Model 4000 从[1 0 0]、[0 1 0]、[0 0 1]三个方向进行模拟计算并进行了几何平均。模拟计算了8个基于实验参数构建的典型磁铁矿颗粒集合的平均值，得到矫顽力 B_c 为(11.0±0.6) mT，剩磁与饱和磁化强度之比 M_{rs}/M_s 为0.22±0.03。随后通过细微调整模拟参数对实验结果进行了初步拟合。实验与模拟磁滞回线的对比结果如图3-4所示。

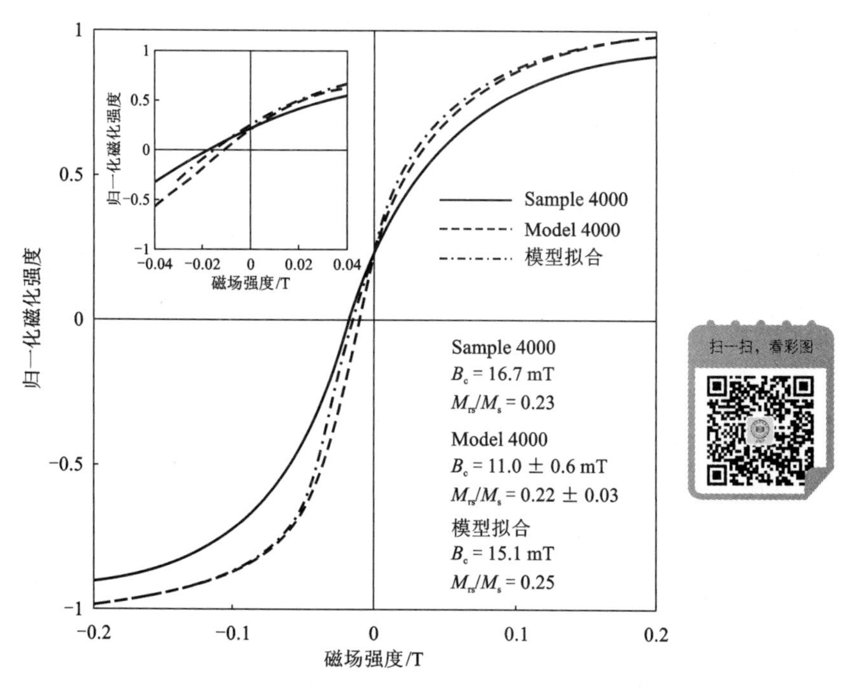

由于计算能力的限制，模拟结果仅展示了从-200 mT 到 200 mT 的下降曲线，实验磁滞回线给出了相同区间的磁滞回线以做比较。其中，模拟结果 Model 4000 为8个基于实验参数模型的平均结果。拟合曲线使用的特征参数即中值粒径和形状因子分别为 75 nm 和 1.4。左上角的子图展示了原点附近即-40 mT 到 40 mT 的磁滞回线精细结果。

图3-4 实验结果 Sample 4000(图中黑色实线)，模拟结果 Model 4000(图中黑色虚线)和拟合结果(图中紫色虚点线)的部分磁滞回线对比图

模拟结果表现出较为平滑且与实验结果相似的PSD性质，特别是其磁滞参数与实验结果具有较好的一致性。通过微调模拟参数可以得到更加一致的磁滞参数，此时对应的中值粒径为75 nm，形状因子为1.4。但是在外场为200 mT时，仍然能发现模拟结果与实验结果不匹配。即此时模拟磁滞回线已经接近饱和（>97%），而合成磁铁矿仅达到饱和的90%左右。这可能是由于样品在合成时本身存在一定的缺陷产生的内应力导致，也可能是由于部分合成样品具有更大的形状因子[图3-1(b)]，这些颗粒的作用使得样品在较大的外加场下才趋于饱和。

3.4　磁铁矿颗粒集合的微磁结构

模拟颗粒的实际内部剩磁状态如图3-5所示。虽然零场下的Model 4000具有较高的剩磁与饱和磁化强度之比M_{rs}/M_s(0.22)，但实际上，不同位置、大小的磁铁矿颗粒却呈现了不同的复杂剩余磁化状态(图3-5)。两个或者更多颗粒在相互影响下形成一致的或旋涡状磁化超态(superstate)(Harrison et al.，2002)。

特别地，零场状态下大颗粒的漩涡(vortex)结构[图3-5(a)方框A]因在一侧形成较一致的磁化方向，使得毗邻的小颗粒SD磁铁矿在零场状态下出现反转磁化。另外，较小的PSD颗粒在强相互作用的情况下，会显示一致(uniform)的磁化方向[图3-5(a)方框B]。除此之外，即使是相同粒径的较大颗粒PSD磁铁矿，由于不同的相邻颗粒作用，使得其具有不同的漩涡状态。如图3-5(a)方框C所示，PSD磁铁矿的漩涡结构有的沿椭圆长轴成核(nucleate)，有的沿椭圆短轴成核。然而当改变磁场方向时，这些磁化超态会出现不同的磁学行为。大的颗粒磁化强度旋涡方向开始沿初始磁场排列，而相邻的小颗粒的磁化强度则开始沿拉长方向排列[图3-5(b)方框A′]。聚集在一起的较小的PSD颗粒的剩磁不再一致，而是开始旋转成核[图3-5(b)方框B′]。

磁铁矿颗粒剩磁出现反转的另一原因可能是因为该颗粒正好位于其相邻颗粒所产生的磁力线回路上[图3-5(c)方框A、B与图3-5(d)方框A′、B′]。在图3-5(c)方框A中，较小的颗粒在其相邻颗粒偶极子场的作用下出现反转磁化。并且当改变外场方向时，这种结构依然存在[图3-5(d)方框A′中]。从图3-5(c)方框B中可以发现一种由四个颗粒构成的更大的磁化超态。值得注意的是，磁力线从PSD颗粒的vortex中穿过并翻转了相邻的小磁铁矿颗粒。这种现象在改变初始外场之后变得不再明显[图3-5(d)方框B′]。

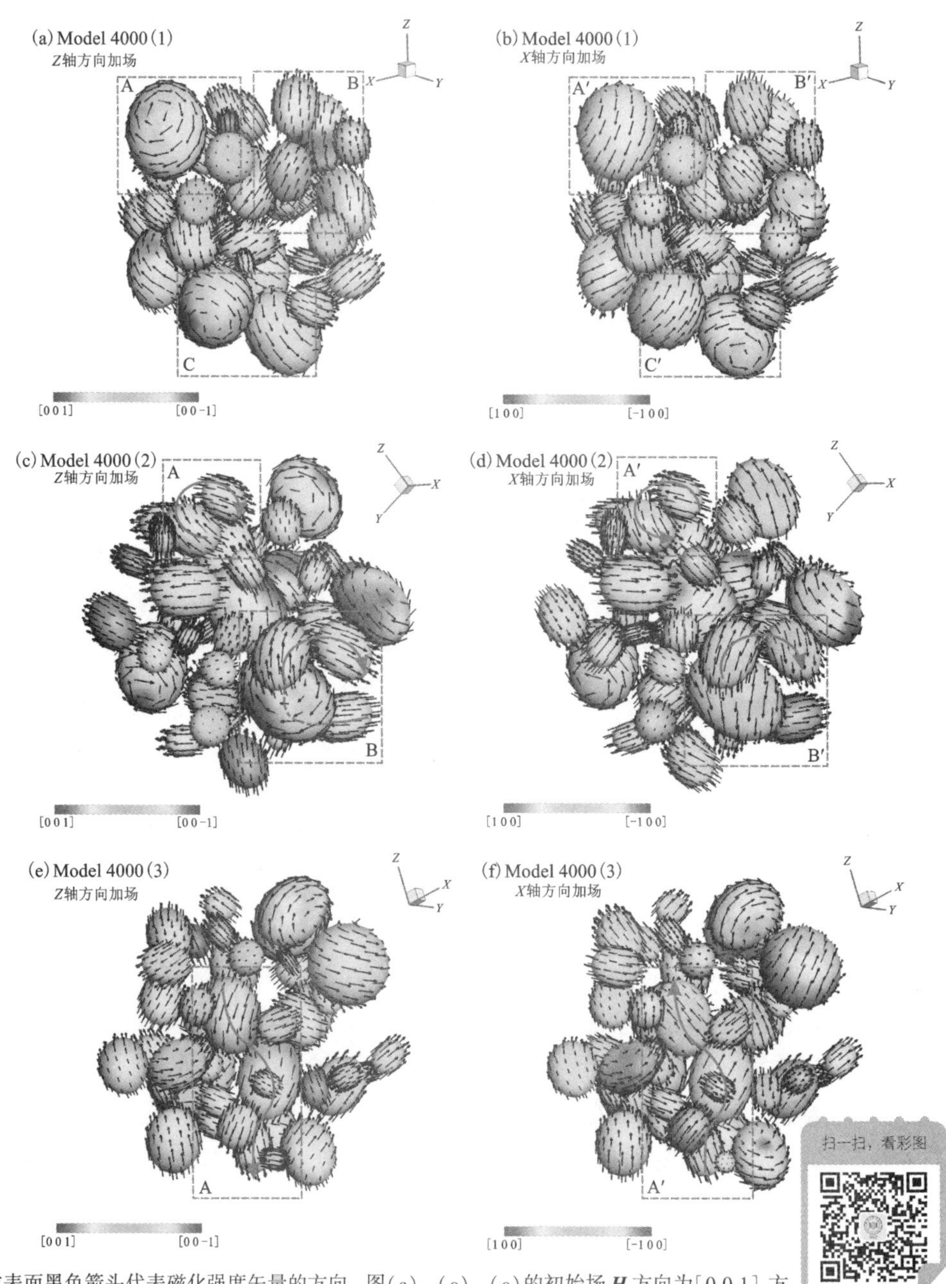

颗粒表面黑色箭头代表磁化强度矢量的方向，图(a)、(c)、(e)的初始场 ***H*** 方向为[0 0 1] 方向，即 *Z* 轴方向，颜色棒从红色变化到蓝色表示颗粒中剖分单元的磁化方向从平行于初始加场方向，即[0 0 1]方向变化到平行于[0 0 -1]方向。图(b)、(d)、(f)的初始场 ***H*** 为[1 0 0]方向，颜色棒从红色变化到蓝色表示颗粒中剖分单元的磁化方向从平行于初始加场方向，即[1 0 0]方向变化到平行于[-1 0 0]方向。对于不同的磁铁矿颗粒，均一的颜色代表磁铁矿颗粒的磁化状态更趋一致(uniform)；反之颜色越不均一，说明磁铁矿颗粒的磁化状态越趋于漩涡(vortex)结构。

图 3-5 Model 4000 三个典型模型的模拟剩磁状态图

呈链状排列的磁铁矿颗粒可以形成一致磁化的超态结构[图3-5(e)方框A和图3-5(f)方框A′]。与图3-5(b)方框B′所示的颗粒排列结构相比，这种链状排列具有更大的稳定性，因此可以更好地记录天然剩磁。

3.5　粒径分布、形状因子对颗粒集合的影响

结合上述结果，我们对SD/PSD边界附近不同中值粒径(60 nm、80 nm、100 nm、120 nm)，不同形状因子(q=1.2、1.3、1.4、1.5)的磁铁矿颗粒集合进行了计算。模型仍然使用了与Model 4000相同的粒径分布标准差，颗粒间平均间距(相互作用程度)均使用各自模型中值粒径的一半。最终共计16个多颗粒磁铁矿模型，由于计算能力对粒径大小的约束，这些模型包含的磁铁矿颗粒数目为37~45，其颗粒等效粒径为25~240 nm。其中典型的统计模型如图3-6所示。

将得到的统计模型进行微磁模拟，同样进行[1 0 0]、[0 1 0]、[0 0 1]三个加场方向模拟结果的几何平均，最后得到对应的磁滞参数。图3-7给出了模拟磁滞参数与形状因子和中值粒径大小的相关关系。从图中可以看出，磁滞参数(B_c和M_{rs}/M_s)总体上随着形状因子的增加而增加[图3-7(a)、(b)]，随着中值粒径的增加而减少[图3-7(c)、(d)]。但是除了小颗粒集合(中值粒径为60 nm)之外，磁滞参数受粒径分布的影响比形状因子更加明显。

对于小颗粒集合(中值粒径为60 nm)磁铁矿，随形状因子的增加矫顽力显著增加[图3-7(a)]，在样品形状因子q=1.4时达到最大值22.8 mT。此时的剩磁与饱和磁化强度之比也达到最大值0.38[图3-7(b)]，当形状因子上升到q=1.5时，磁滞参数有所下降，分别为21.5 mT和0.36，但宏观上仍然具有较显著的单畴性质。对于较大中值粒径的颗粒集合，磁滞参数随形状因子呈现缓慢单调增加。

对于形状因子q=1.2的磁铁矿颗粒集合[图3-7(c)、(d)]，当中值粒径从60 nm增加到80 nm时，矫顽力呈现上升的趋势。但是对应的剩磁没有增加。这可能是当粒径增加到80 nm时，颗粒集合中有更多磁铁矿颗粒趋于稳定单畴状态，同时伴随有较大颗粒的卷曲成核所致。随着中值粒径的继续增加，大部分颗粒开始成核，使得矫顽力和剩磁与饱和磁化强度之比开始单调下降。对于形状因子更大的颗粒，磁滞参数随中值粒径从60 nm开始即呈现单调降低的趋势。

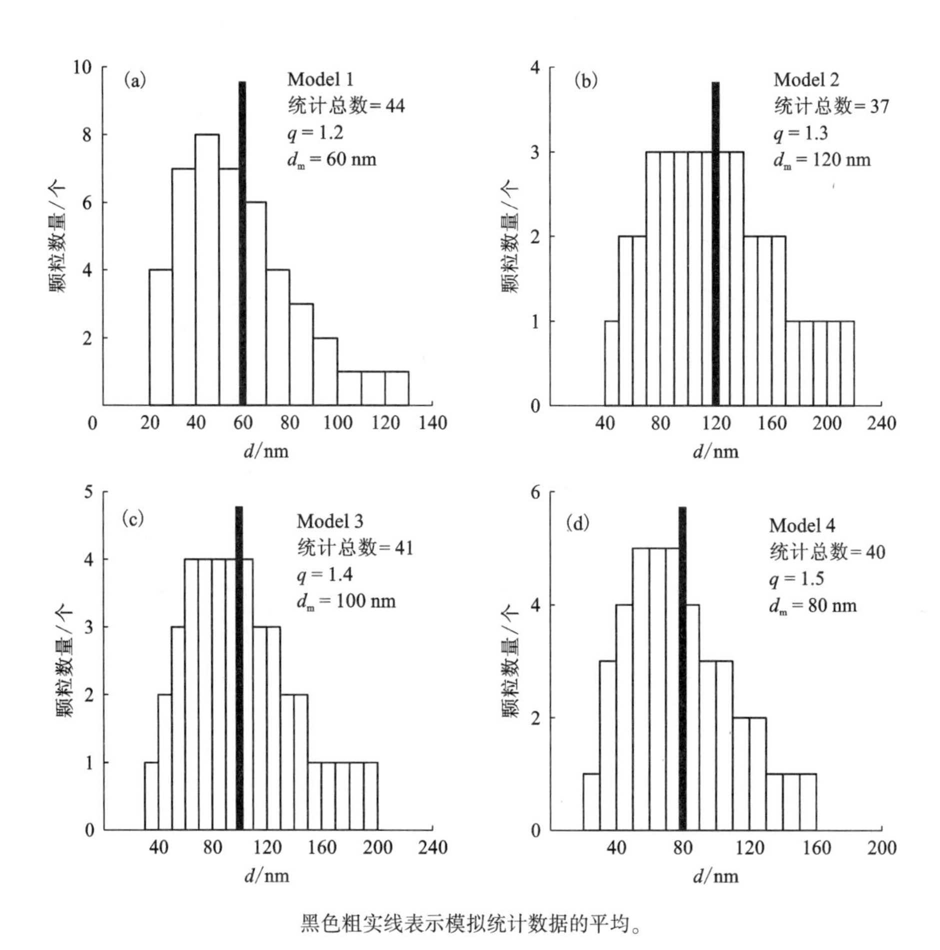

黑色粗实线表示模拟统计数据的平均。

图 3-6 部分模型的粒径统计分布柱状图

对于中值粒径参数接近实验样品(即中值粒径约 80 nm)的颗粒集合，其磁滞参数在形状因子约 1.3 附近没有出现明显变化[图 3-7(a)、(b)]。这说明模拟 Model 4000 与实验结果的差异可能受形状因子的分布影响较小，而主要是由于内应力或相互作用的差异所导致的。

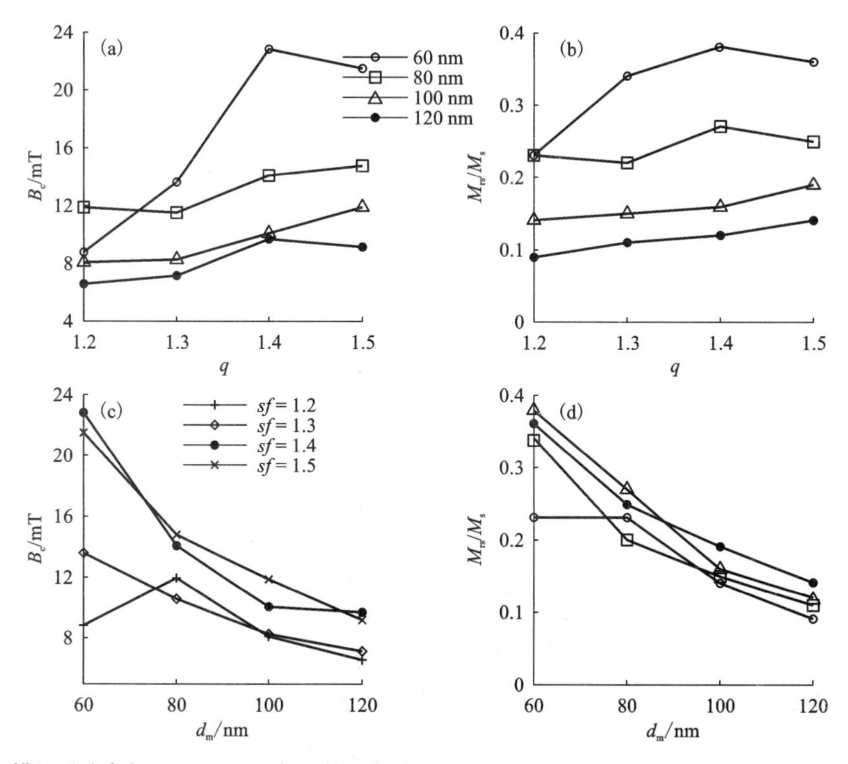

图 3-7　模拟磁滞参数 B_c、M_{rs}/M_s 与形状因子(*sf*)[(a)、(b)]和中值粒径[(c)、(d)]的相关关系图

3.6 讨论

3.6.1 多颗粒磁铁矿的模拟及其古地磁意义

本书根据合成样品的统计结果构建了具有粒径分布的微磁模型 Model 4000，通过对比 Model 4000 的微磁模拟结果和实验样品的磁学测量结果发现，Model 4000 的模拟磁滞参数对于岩石磁学实验具有较好的指示性(图 3-4)。因此微磁模拟可以作为反演岩石磁学参数的有效方法。然而，微磁模拟结果显示颗粒集合内部的磁化结构是相当复杂的。

(1)较小的 SD 颗粒其磁化强度容易受到邻近较大 PSD 颗粒的影响而发生反转。反转的原因主要有两个：首先，较大的 PSD 颗粒在局部磁化强度一致的区域会形成一个退磁场，从而使邻近小颗粒的磁化强度发生反转[图 3-5(a)方框 A]；其次，相邻颗粒构成一个磁力线回路，从而使其中较小的颗粒发生反转[图 3-5(c)方框 A 与 B]。特别地，由两个颗粒组成的超态结构具有更大的稳定性。

(2)较小的 PSD 颗粒聚集可以形成磁化一致的超态结构，因此可能是主要的剩磁携带者。Muxworthy 等人也通过研究规则颗粒集合的磁学性质发现，在相互作用下 SD 颗粒的界限会相应增大(Muxworthy et al.，2003)。但是，由这些 PSD 构成的超态结构的稳定性是有差异的。如图 3-5(a)方框 B 所示的超态，虽然 PSD 颗粒沿着同一拉长方向排列，但其磁化强度随着外加场方向的变化不再一致。而对于链状排列的 PSD 颗粒，这种磁化一致特性在外场方向变化时仍然保持。前人(Moskowitz et al.，1988；Li et al.，2013)通过研究化石磁小体发现，即使链状排列的磁铁矿颗粒超过了 SD 的界限，整个磁小体链仍然表现为单轴各向异性的 SD(USD)颗粒性质。因此认为链状结构中较大的磁铁矿颗粒仍然能够很好地记录地磁场。

(3)相邻较大的 PSD 颗粒由于不能被一致磁化，因此不能形成稳定超态[图 3-6(a)方框 C]。然而，这些颗粒在相互作用的情况下，仍会呈现不同指向的漩涡结构。由于这些颗粒体积较大，因此仍然能够携带一定的剩磁。

Harrison et al.(2002)通过使用电子全息成像对自然出熔的亚微米磁铁矿块体进行了观测，其中出熔了不同大小和形状因子的微小磁铁矿颗粒。因此可以同我们的模拟进行很好的对比。他们观测到了三种磁铁矿颗粒的集合结构：①由磁力线的回路形成的 vortex 结构超态；②当外场方向平行指向链的方向时，链状结构具有单畴行为；③当外场方向垂直指向链的方向时，链状结构具有多畴行为。然而，这些观测都是基于平面的，真正的剩磁并不能被观测到。本章的模拟清晰地展示了漩涡和 SD 的超态结构，并且从三维层面给出了小颗粒的自反转机制以及各种超态的详细结构。特别地，一些超态的三维结构[图 3-5(c)方框 B]很难在实验中对其形态进行全面的认识。由于微磁学不能计算颗粒之间的磁力线分布，因此多畴结构的超态不能被很好地识别出来，但我们仍然认为微磁模拟是解析合成样品甚至天然样品内部磁学行为的有效方法。

尽管在颗粒集合中存在多种不同的超态，但颗粒集合的宏观磁学性质并没有明显变化。因此在模型中颗粒的空间分布并不会影响颗粒集合的整体磁学行为，而是受到颗粒本身特性的影响(比如粒径分布和形状因子)。

含有从 SD-PSD 广泛粒径分布的磁铁矿颗粒集合也能够表现出近 SD 的行为

[图 3-7(a)、(b)]。相互作用影响下的颗粒集合的磁学性质随中值粒径的变化不同于单颗粒。即当颗粒粒径由 SD 增大为 PSD 时，磁铁矿颗粒集合的磁滞参数并没有出现快速的下降，这可能是由于粒径分布和相互作用的平均作用所致。并且在相互作用下，相比于粒径分布，磁铁矿颗粒集合对于形状因子的影响被很大程度地降低了。这意味着在相互作用下，岩石样品的宏观磁学性质受到磁铁矿形态的影响比较少。

在古地磁学研究之中，大部分自然样品是以磁铁矿为主要载磁矿物记录有效磁信息的。在这些以磁铁矿为主要载磁矿物的样品中，绝大部分样品呈现 PSD 颗粒的宏观磁学性质。然而磁铁矿颗粒的剩磁记录原理是基于奈尔提出的单畴磁化理论(Néel, 1955)，并没有与假单畴的磁学行为相对应的理论。研究发现，在相互作用情况下，包含大量 PSD 磁铁矿的颗粒集合具有稳定的剩磁记录能力，这从理论上有力地佐证了 PSD 颗粒的载磁能力。

地磁场古强度研究中，数据往往是使用逐步清洗原生剩磁(NRM)，并逐步获得部分热剩磁(pTRM)的方法获得的，其前提假设之一是不同温度段的磁化强度具有可加性(addivity)，即磁性矿物的阻挡温度(blocking temperature)与解阻温度(unblocking temperature)相同。但是这种现象只存在于 SD 颗粒之中，对于 PSD 颗粒，由于其磁化强度记录和倒转形态都不同于 SD 颗粒，可能导致阻挡温度和解阻温度的不同(Yu and Dunlop, 2003)，从而无法通过传统的古强度方法比如 Thellier-Thellier(1959)方法获得可靠的古强度结果。本章模拟发现，包含大量 PSD 颗粒的颗粒集合虽然可以显示为宏观的 SD 性质，并记录稳定可靠的剩磁方向，但是因为其含有的 PSD 颗粒可能不适于使用传统方法获得古强度结果，因此这也解释了古强度测试的失败率远远高于古方向的获得率的原因。另外，模拟发现链状结构的稳定性意味着沉积物中保存的化石磁小体链在强相互作用下仍然能够沿链的方向记录剩磁。

总的来说，通过微磁模拟方法研究具有正态分布的磁铁矿颗粒集合可以有效地正演和解释合成样品甚至天然样品的磁学性质。通过分析颗粒集合内部的微磁结构能够为古地磁研究提供可靠的理论依据。

3.6.2　研究中存在的问题与展望

实际上，微磁学在为岩石磁学结果提供有效解释的同时，仍然存在一些问题。首先是微磁模拟的计算能力。由于公式(2.16)中退磁能 E_d 是长程磁偶极子作用力(long-range dipole force)作用的结果，因此对于每个剖分单元，都要将所有其他单元对其的偶极子作用力矢量相加，这使得计算量大大增加。以目前的计算能力只能计算亚微米级单颗粒，或者数量较少的纳米颗粒集合。因此还需对新的微磁学模拟方法进行探索[如Monte Carlo方法(Nowak et al., 2000)、GPU微磁运算(Kakay et al., 2010)]，以准确地进行计算量更大的复杂多颗粒磁铁矿模拟。其次是样品在合成过程中本身存在晶格缺陷或少量其他矿物混杂，使得样品的磁学性质与模拟的磁学性质有一定差异(图3-4)。对于存在缺陷的合成或天然样品，可以在将来通过在模型中随机添加晶格缺陷来进行计算。由于程序设计的限制，模拟目前仅适用于形状各向异性占主导的颗粒集合。对于等维度以磁晶各向异性或构造各向异性占主导的磁性矿物颗粒集合，仍需要新的微磁模拟方法加以研究探索。此外，由于我们计算的模型颗粒粒径在30 nm以上，并没有将超顺磁(SP)颗粒(粒径约小于25 nm)考虑在内。实际上，超顺磁颗粒虽然对于剩磁没有影响，但在磁化过程中超顺磁颗粒的饱和磁化状态在一定程度上仍然会影响SD颗粒和PSD颗粒的磁化取向，并有可能最终影响整个磁铁矿颗粒集合的剩磁状态。因此超顺磁颗粒对于磁铁矿颗粒集合的影响也应该纳入微磁学模拟的考虑之中。

总体说来，微磁模拟是一个新兴的岩石磁学研究方向，在计算方法的优化上还需要很多改进。在将来的研究当中，通过更有效的微磁模拟，并结合微观磁学的最新实验研究方法——电子全息术(Harrison et al., 2002; Harrison and Feinberg, 2009)，可以使我们从微观上将模拟与实验结果相互验证，可以对矿物磁记录过程和磁学性质进行更准确更深入的研究。

3.7 本章小结

本书首次尝试根据合成磁铁矿样品的电子显微统计，构建与实验相匹配的模拟地质样品，通过微磁模拟获得了其宏观磁滞参数和内部磁化结构，并与实验结果进行了系统的对比讨论。随后对具有不同粒径分布和形状因子的磁铁矿颗粒集合模型进行模拟。取得以下主要结论：

(1)模拟磁滞结果能够较好地与实验结果相对应，这说明通过微磁模拟可以在一定程度上根据地质样品的宏观磁学性质反演样品内部磁性矿物的粒径、形状等物性参数，为将来的矿物磁学反演提供了研究前景。

(2)微磁结果显示了复杂的内部磁化结构，部分相邻颗粒在相互作用下形成具有不同稳定性的磁化超态(superstate)。较小的SD颗粒在相邻颗粒影响下可能出现反转，较大的PSD颗粒可能在相互作用下呈现不同的磁化状态，聚集在一起的较小的PSD颗粒由于相互作用影响可以呈现出近SD的微观磁学性质。

(3)磁铁矿颗粒集合的宏观磁学性质受到相互作用的系统影响。与形状因子相比，其对于粒径分布更加敏感。即磁性矿物在相互作用下，形状因子的影响受到抑制，宏观磁学性质主要受到颗粒分布的影响。

第4章　趋磁细菌磁小体链磁各向异性模拟研究

磁小体是由趋磁细菌在其细胞内合成的由生物膜包裹并且呈链状排列的单畴磁铁矿晶体颗粒。磁小体链作为趋磁细菌的“生物磁针”，能响应外界磁场，使趋磁细菌在水体中沿地球磁场的磁力线方向运动，这种特性也叫趋磁性（Bazylinski and Frankel, 2004）。自然界中的趋磁细菌死亡后，磁小体可以被保存在沉积物或沉积岩中，成为化石磁小体（Kopp and Kirschvink, 2008）。研究发现，化石磁小体广泛存在于第三纪以来的海洋或淡水沉积环境中，是沉积剩磁和古环境信号的重要载体（潘永信等，2004；Roberts et al., 2011）。鉴于磁小体独特的生物学和磁学特性，自20世纪70年代被发现并首次详细报道以来（Blakemore，1975）（Blakemore et al., 1975），趋磁细菌及其磁小体磁铁矿一直是生物地磁学和古地磁学领域的研究热点（Kopp and Kirschvink, 2008；Jimenez-Lopez et al., 2010）。

磁小体链是趋磁细菌磁铁矿最重要的特征，也是趋磁细菌趋磁性的物理基础和化石磁小体识别的重要依据（Li and Pan, 2012）。在本章中，我们以实验室可培养的趋磁螺菌AMB-1为材料，通过对定向和非定向全细胞样品进行系统的岩石磁学测量和磁小体链的微磁模拟，研究趋磁细菌磁小体链的磁各向异性，认识磁小体链的磁化结构及其磁场纪录机制，从而探讨沉积物中化石磁小体的识别及其古地磁学意义。

4.1　趋磁细菌 AMB-1 磁小体的样品准备和实验方法

4.1.1　AMB-1 磁小体的物理特征

实验制备了两种全细胞样品：非定向样品和定向样品。其中非定向样品是将趋磁细菌活细胞悬浮液直接离心获得；而定向样品是将悬浮液滴加在盖玻片上，放置于由条型磁铁产生的均匀磁场中(约 1 T)，细胞在水分蒸发过程逐渐被磁场定向到玻片上(图 4-1、图 4-2)，从而制备沿磁场方向定向排列的趋磁细菌全细胞样品。

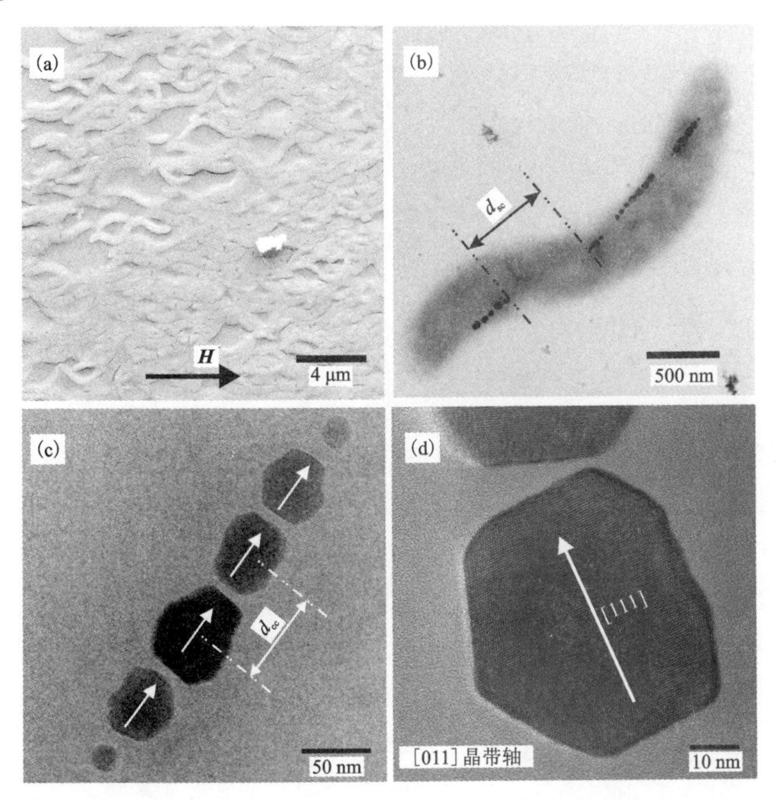

(a)扫描透射电子显微镜(SEM)照片显示 AMB-1 细胞被定向排列到盖玻片表面；(b)典型单个 AMB-1 细胞的透射电子显微镜(TEM)照片。该细胞的磁小体链由 4 条相互分开的短链(subchain)组成，相邻短链之间距离(d_{sc})通常为 100~400 nm；(c)单条磁小体短链的 TEM 照片，白色箭头表示磁小体链的排列方向，磁小体内两个相邻颗粒的体心距离 d_{cc} 平均值为 54.3 nm。尺寸稍小的颗粒(可能是未成熟的磁小体)一般位于短链的两端；(d)单个磁小体沿磁铁矿[0 1 1]晶带轴的高分辨透射电子显微镜(HRTEM)晶格图像。HRTEM 和衍射花样分析证实，磁小体沿磁铁矿[1 1 1]方向拉长和排列。

图 4-1　趋磁细菌 AMB-1 及其细胞内的磁小体

透射电子显微镜(TEM)观测表明，AMB-1 为螺旋菌，长约 3 μm，直径 0.3~0.5 μm(图 4-1)。在本次研究中，AMB-1 每个细胞内平均合成 26 ± 7 个磁小体，磁小体的长和宽分别为 49.3±17.1 nm，41.0±15.3 nm。绝大部分细胞(超过 90%)合成片段化磁小体链(即磁小体亚链结构)(Li et al.，2009)，每个磁小体亚链平均由 6 个磁小体组成，尺寸较小的颗粒一般位于亚链的末端。高分辨透射电子显微镜(HRTEM)观测揭示，AMB-1 形成的磁小体为截角八面体或稍微拉长的立方-八面体磁铁矿。颗粒的拉长轴为磁铁矿晶体的[1 1 1]方向。

对定向 AMB-1 细胞样品的扫描透射电子显微镜(SEM)观测显示，多数磁小体链已经被磁场定向，但仍有部分磁小体链与定向磁场具有一定的夹角。在磁小体方向进行统计，夹角 θ 具有圆域正态分布结构(图 4-2)。

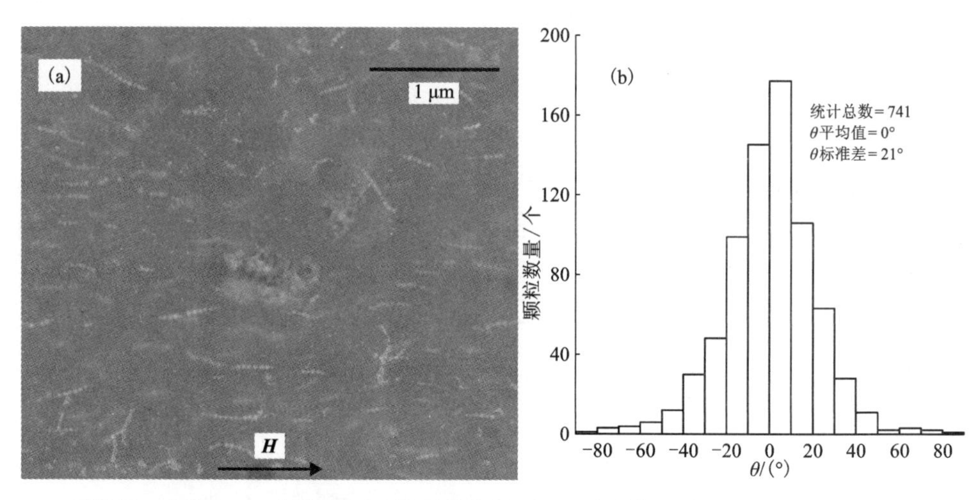

SEM 观测证实，完整 AMB-1 细胞被定向制备到盖玻片的表面。大多数磁小体链与外加磁场方向 ***H*** 大致平行，少部分磁小体链与外加场 ***H*** 成一定角度分布，其统计平均值和标准差分别为 0°与 21°。

图 4-2　定向 AMB-1 细胞样品的 SEM 图像(a)和磁小体链与定向磁场夹角 θ 统计结果(b)

4.1.2　岩石磁学测量方法

室温岩石磁学测量在 3900 振动样品磁力仪(VSM3900，测量精度为 5.0×10^{-10} Am^2)上进行。该仪器装有水平旋转台，可以通过电脑或者手动控制，使样品围绕垂向 Z 轴旋转，最小旋转角度为 1°。利用双面铜胶带将载有定向样品的盖玻片固定在树脂玻璃样品架上，水平放置在磁铁两极之间。手动旋转样品台，测量不同磁场角度下的磁滞回线、IRM 获得曲线、反向场退磁曲线。磁场角度 ψ 定义为磁场相对于定向磁小体链之间的夹角，变化范围是 0°~360°，间隔为 5°。

磁滞回线测量区间设置为±500 mT，数据经过高场顺磁校正后获得饱和磁化强度(M_s)、饱和剩磁(M_{rs})和矫顽力(B_c)。静态的 IRM 获得曲线和反向场退磁曲线的最大场为 200 mT，加场步长为 5 mT。根据 SIRM 的反向场退磁曲线可得到剩磁矫顽力(B_{cr})。

4.2 磁小体链微磁模拟研究方法

4.2.1 亚磁小体链的微磁模型

微磁模型基于 TEM 观测构建，如图 4-3 所示。AMB-1 磁小体模型是一个理想的拉长型截角八面体，其尺寸与观测平均结果相同，即长度为 49.3 nm，宽度为 41.0 nm。

为了简化计算，在模拟中，我们构建了 6 个相同的磁小体来模拟亚磁小体链。每个磁小体都是尺寸和形状相同的拉长截角八面体磁铁矿，其单个磁小体间距均设为 5 nm，相邻颗粒的体心距离 d_{cc} 为 54.3 nm。磁小体沿[1 1 1]方向拉长和排列成链(如图 4-4 所示)。使用有限单元法(FEM)进行网格剖分，采用最小能量和动力学方程相结合的方法计算模型在不同外加磁场下的磁化强度分布(参见本书第 2 章)。

对于单个亚磁小体链，磁滞回线通过对磁小体链施加不同的加场角度获得。磁小体链磁滞回线模拟时，外磁场变化范围为-200~200 mT，磁场间距为 1 mT。从加场角度 $\psi=0°$到 $\psi=90°$，每隔 5°获得一条磁滞回线，一共获得了 19 条模拟磁滞回线。并且计算了它们各自的磁滞参数，即矫顽力 B_c 和 M_{rs}/M_s。

4.2.2 亚磁小体链间的相互作用模型

岩石磁学提供了至少三种方法来评估颗粒的磁互作用，如 ARM/SIRM 获得曲线或(χ_{ARM}/SIRM)、Wohlfarth-Cisowski 检验和一阶反转曲线图(FORC)(Egli, 2006a, b)。研究表明，这三种岩石磁学方法对磁小体链内颗粒间的静磁相互作用并不敏感(Li et al., 2012)。因此，在本研究中，我们还构建了双磁小体链结构，通过微磁模拟方法，进一步认识亚磁小体链间的相互作用，从而分析单条亚

(a)和(b)分别为沿磁铁矿晶体的[1 1 2]和[0 1 1]晶带轴观测的单个磁小体的高分辨晶格图像。

图 4-3　单颗粒截角八面体磁铁矿透射电镜图像(左)、快速傅立叶变化的衍射花样(右上)及其微磁模拟的结构模型(右下)

磁小体链能否代表全细胞的磁学特征。如图 4-5 所示，双链磁小体由两条完全相同的亚磁小体链构成，链间距为 d_{sc} = 200 nm。考察磁小体链间的相互作用，即考察亚磁小体链在典型 d_{sc} 下的磁滞结果。并将其与单个亚磁小体链的模拟磁滞结果进行比较，判断其链间相互作用强弱。

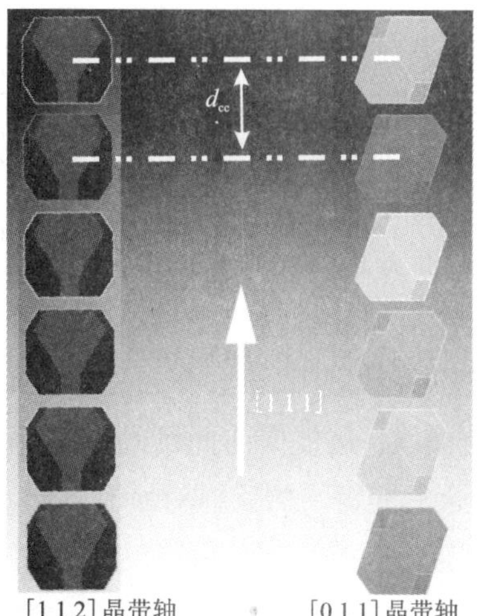

由 6 个相同的截角八面体磁铁矿构成，颗粒沿磁铁矿[1 1 1]方向拉长和排列。图中左侧为沿磁铁矿[1 1 2]晶带轴的观测图像，右侧为沿磁铁矿[0 1 1]带轴的观测图像。根据实验统计结果，设定两个相邻颗粒的体心距离 d_{cc} 为 54. 3 nm。

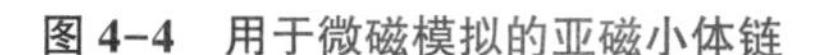

图 4-4　用于微磁模拟的亚磁小体链

分别由 6 个相同的截角八面体磁铁矿构成，颗粒沿磁铁矿[1 1 1]方向拉长和排列，两个亚磁小体链相距 d_{sc} = 200 nm(Li et al. , 2009)。图中磁小体为大致沿磁铁矿[1 1 2]晶带轴的观测图像。

图 4-5　构建的用于微磁模拟相互作用的两条亚磁小体链

4.2.3 二维(2D)和三维(3D)磁小体集合体的统计模型

为了讨论自然环境中磁小体链集合体的磁各向异性，需要考虑定向后磁小体链分散度对样品的影响。在本研究中，我们分别采用二维圆上连续分布(Van Mises distribution)和三维球面分布(Fisher distribution)对10000条无相互作用的磁小体链集合样品进行了统计模拟。

在2D和3D磁小体链集合体样品中，不同磁场方向与每个磁小体链的夹角(可以是任意角度)的磁化曲线，是根据前面已经模拟获得的19条磁滞回线的数据，并经过七次多项式拟合后获得。然后再对所有的磁小体链进行系统的统计模拟，个体磁小体链分散度定义为θ。

对于2D磁小体链集合样品，磁小体链方向$f(\theta)$服从Von Mises分布[公式(2.26)]，对于3D磁小体链集合样品，在θ和$\theta+d\theta$之间，带宽为$d\theta$的概率环内，其概率密度$P_{d\theta}(\theta)$服从Fisher分布[公式(2.28)]。另一方面，为了约束磁小体链空间分布的最大分散度，我们还模拟了2D和3D的随机分布。对于2D磁小体链集合体，当θ随机分布时，其概率密度函数$f(\theta)$可以简化为公式(2.27)；对于3D集合体，其随机状态下的概率分布密度$P_{d\theta}(\theta)$可以简化为公式(2.29)。在得到统计模拟的磁滞回线后，即可获得相应的B_c和M_{rs}/M_s。通过做一条经原点并且与统计磁滞回线的上升部分平行的曲线，计算其与磁滞回线的下降曲线的交点可以获得近似的剩磁矫顽力B_{cr}(Tauxe, 2010)。

4.3 磁小体链岩石磁学实验结果

图4-6显示了不同加场角度的磁滞回线、IRM获得和退磁曲线。当加场测量角度ψ从0°变化到90°时，磁滞回线从方形变为斜坡形。IRM获得和退磁曲线都在高场下移动。相应的，M_{rs}和M_{rs}/M_s逐步降低、B_{cr}和B_{cr}/B_c逐步增加，而M_s保持不变。尽管系统的磁滞回线随着角度的变化非常明显，归一化处理的IRM获得和退磁曲线对称，二者相交点即Wohlfarth-Cisowski检验的R值接近0.5。这从实验上说明全细胞样品中磁小体链间的静磁相互作用非常弱，甚至可以忽略。

当外加磁场与磁小体链的平均方向相同，即$\psi=0°$时，B_c和M_{rs}/M_s出现最大值，$B_c=32.0$ mT，$M_{rs}/M_s=0.84$。定向样品的B_c从0°~50°基本不变(图4-7)，从50°起迅速降低，在$\psi=90°$时达到最小$B_c=20.5$ mT。与此相比，M_{rs}/M_s则从

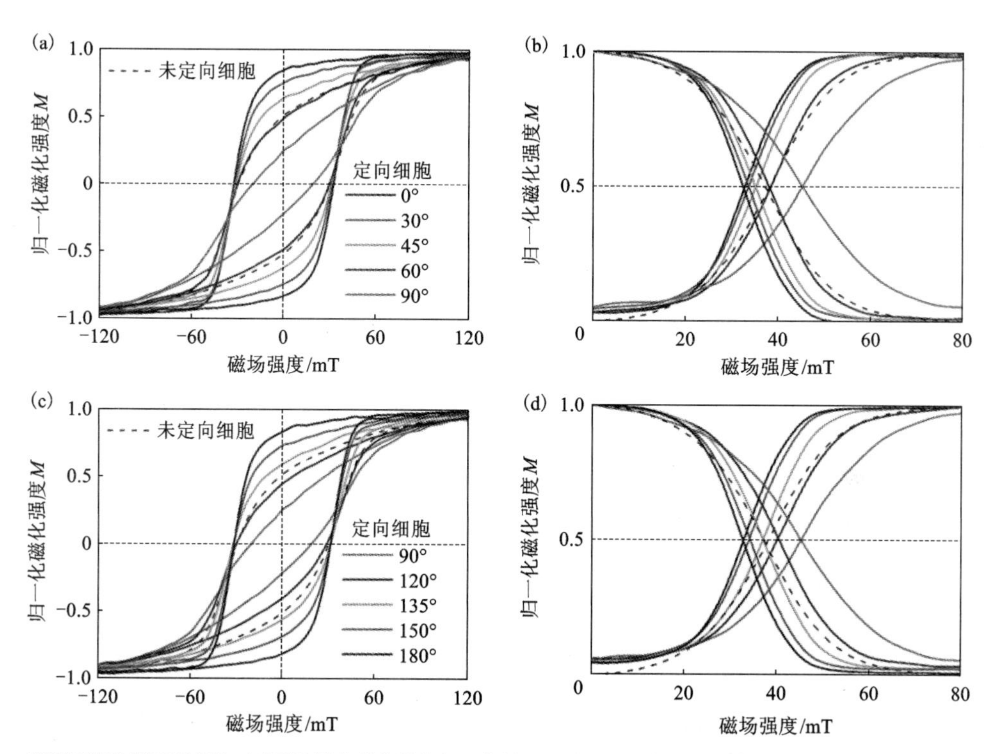

磁滞回线数据经顺磁校正后再经最大磁化强度归一化处理。饱和剩磁获得曲线数据经 SIRM 归一化处理，而退磁曲线数据经 $M=1/2[1+\mathrm{IRM}(-H)/\mathrm{SIRM}]$ 归一化处理。

图 4-6　定向 AMB-1 完整细胞样品沿与磁小体链不同夹角方向加场测量所得的磁滞回线[(a)、(c)]和饱和剩磁获得和退磁曲线[(b)、(d)]

$\psi=0°$快速降低，在外加磁场与磁小体链平均方向垂直时，即 $\psi=90°$时达到最小，此时 $M_{rs}/M_s=0.24$。相反地，B_{cr} 的最小值出现在外场与磁小体链平行的方向，即$\psi=0°$时，$B_{cr}=32.5$ mT，随着 ψ 的增加而增加，最大值出现在与之平行的方向，即 $\psi=90°$时，$B_{cr}=45.1$ mT。90°~180°的磁学结果相比 0°~90°表现出镜像角度关系。180°~360°的测量结果与 0°~180°相同。

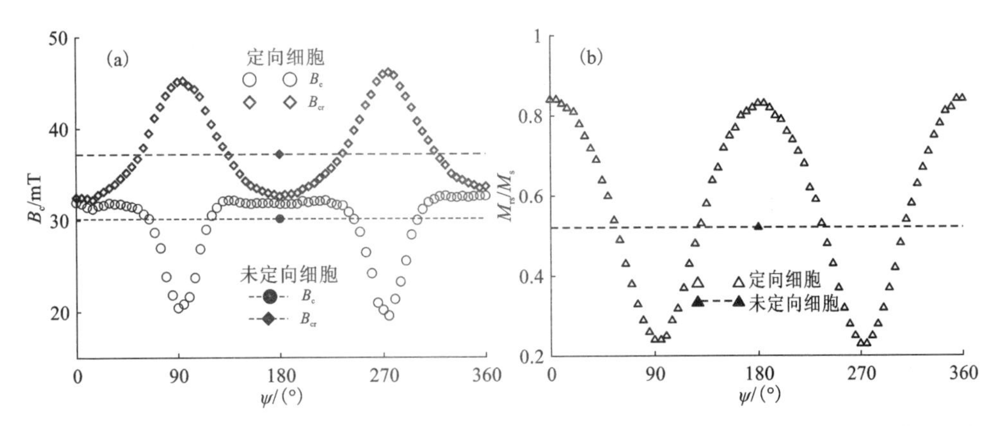

(a)空心圆点和菱形点分别表示定向样品矫顽力(B_c)和剩磁矫顽力(B_{cr})随ψ的变化，实心圆点和菱形点分别为无定向样品的B_c和B_{cr}值；(b)剩余饱和磁化强度与饱和磁化强度的比值(M_{rs}/M_s)，空心三角形表示定向样品M_{rs}/M_s随ψ变化图，实心三角形为无定向样品的M_{rs}/M_s值。

图 4-7　定向 AMB-1 完整细胞样品的磁滞参数随加场测量角度 ψ 的变化图

4.4　微磁模拟结果

4.4.1　单个亚磁小体链的磁滞回线模拟

图 4-8 是微磁模拟单个亚磁小体链磁滞参数随着加场测量角度ψ系统变化的磁滞结果。对单条磁小体链，当ψ从 0°(平行磁小体链方向)向 90°(垂直磁小体链方向)变化时，M_{rs}/M_s从 1 逐渐减小到 0，矫顽力B_c在 0°至 50°逐步增加并得到最大值约 63 mT，然后下降到 0 mT[图 4-8(a)]。这说明，沿磁小体链方向加减磁场时，磁小体链的磁化反转大致遵循球链模型的扇形或卷曲反转，而不是一致反转(Coherent)(Denham et al.，1980；Moskowitz et al.，1988；Penninga et al.，1995；Hanzlik et al.，2002)。也就是说，虽然其磁学行为与 USD 的磁学行为具有一定的等效性，但磁小体链并不是真正拉长的 SD。

4.4.2　亚磁小体链的微磁结构

亚磁小体链的磁化结构(图 4-9)显示，同模拟磁滞回线一样，磁小体链的内部磁化结构受控于磁小体链本身的结构。不论ψ如何变化，剩余磁化强度始终沿

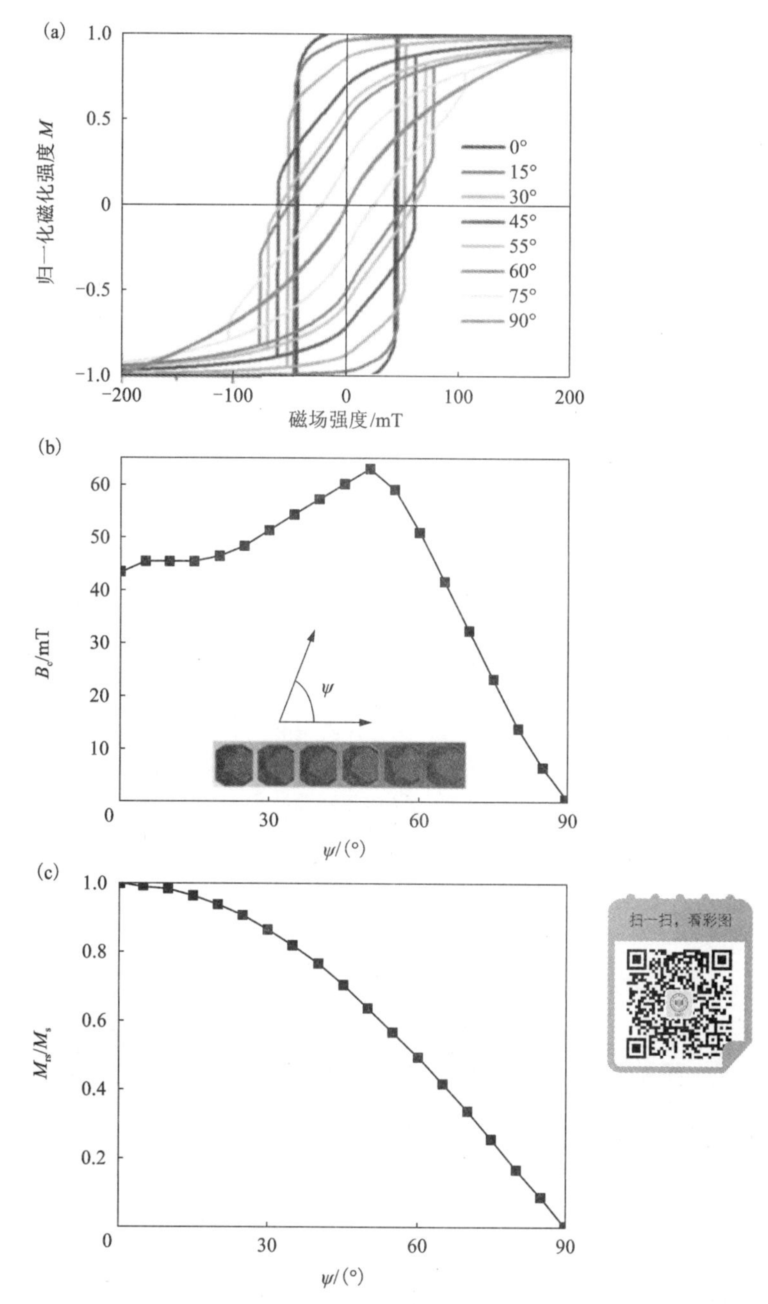

(a)外场方向与亚磁小体链方向夹角 ψ 从 0°变化到 90°的模拟磁滞回线图；(b)ψ 变化下亚磁小体链的矫顽力 B_c 的变化图；(c)ψ 变化下亚磁小体链的 M_{rs}/M_s 的变化图。

图 4-8　单个亚磁小体链随外场变化的磁滞结果

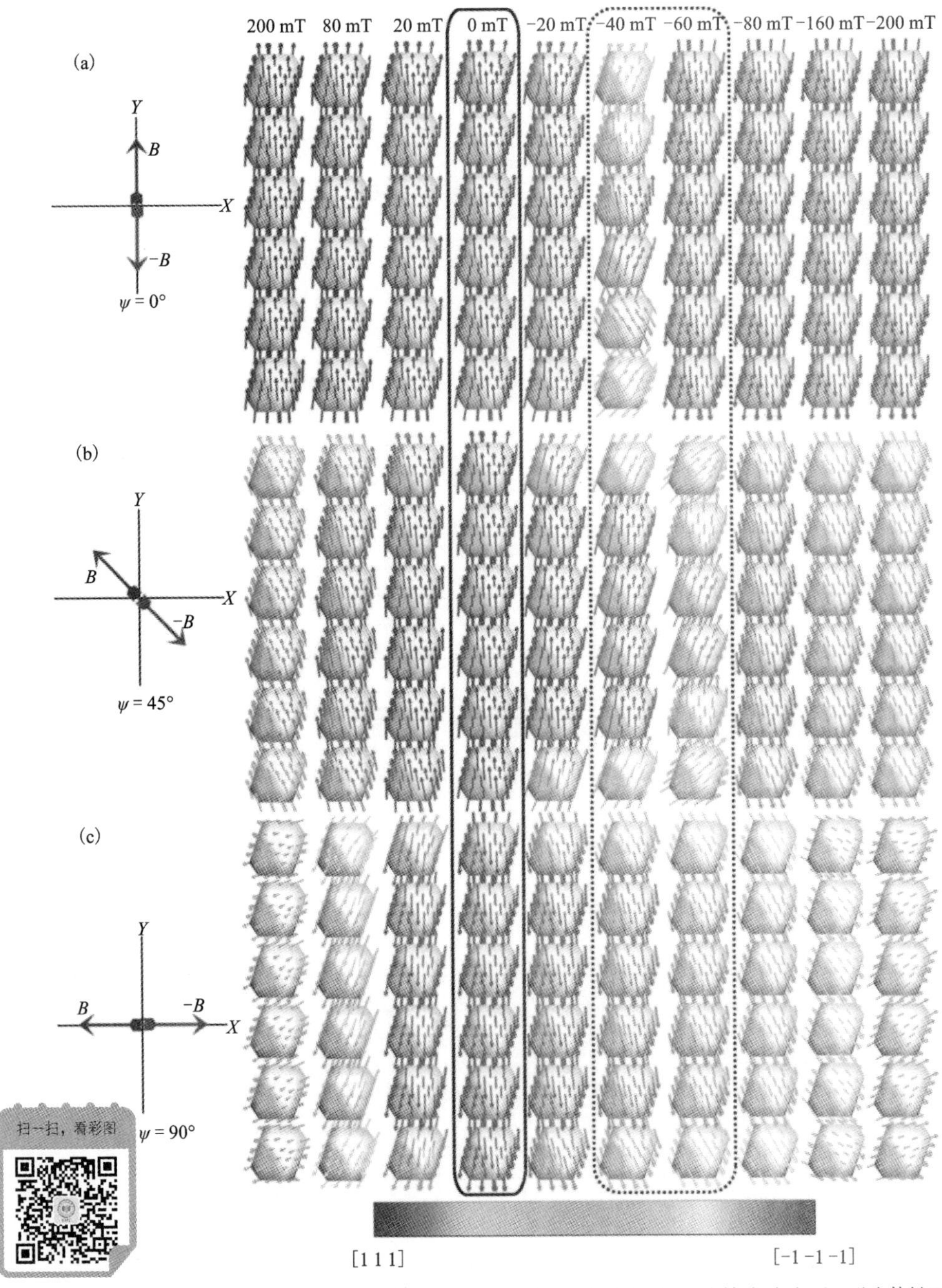

黑色实线方框内展示了亚磁小体链的剩余磁化状态，黑色虚线方框内展示了不同加场方向下亚磁小体链不同的反转行为。颜色棒从蓝色变为红色指示磁化方向从[1 1 1]变化为[-1 -1 -1]方向。

图 4-9　不同加场方向(列方向)和加场大小(行方向)下，亚磁小体链内部的磁化强度的变化图像

着磁小体链的排列方向(图4-9实线方框)，此时的剩余磁化强度测量值即$M_s\times\cos\psi$。微磁结果显示，亚磁小体链的磁化结构较单轴各向异性SD颗粒更加复杂：当沿着磁小体链排列方向加场，即$\psi=0°$时，六个磁小体呈现不一致的猛然(bulkling)翻转模式(图4-9虚线方框)，此时不符合SW模型，同样的情况也出现在$\psi=45°$时。当垂直于磁小体链加场，即$\psi=90°$时，磁小体呈现一致的扇形(faning)翻转行为，此时符合SW模型(图4-9)。

4.4.3 双磁小体链的相互作用

图4-10展示了双磁小体链与单个亚磁小体链磁滞参数随加场方向ψ变化的趋势图。从图中可以看出，ψ在不断变化的情况下，除了$\psi=25°\sim50°$时双链的矫顽力略低于(差值<1 mT)单链外，双链与单链磁滞参数仍同步具有非常一致的B_c，尤其是具有完全一致的M_{rs}/M_s。因此趋磁细菌细胞内磁小体链在具有这种典型特点的情况下(即链间距≥200 nm)，链间的相互作用可以忽略。

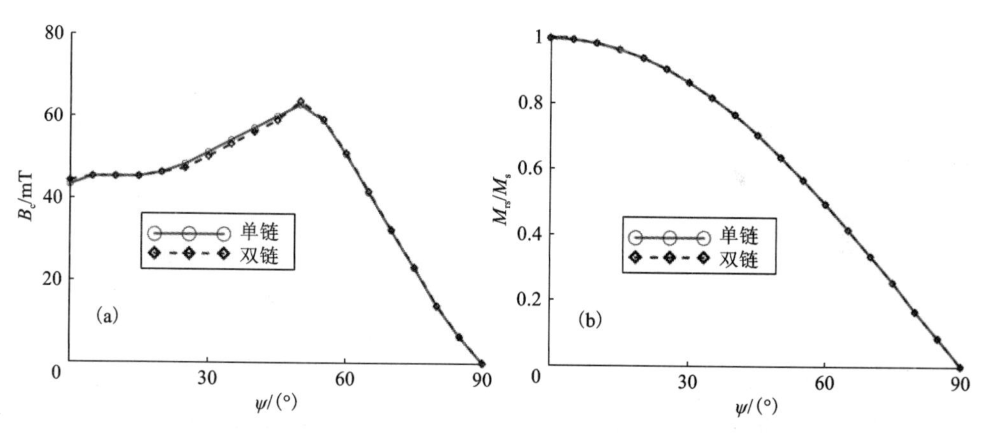

图4-10 亚磁小体单链和双链磁滞参数B_c和M_{rs}/M_s随加场方向ψ变化的模拟结果

4.4.4 2D和3D统计模拟结果

多条磁小体链集合体的B_c和M_{rs}/M_s与加场测量角度ψ和样品中磁小体链的分散程度密切相关(图4-11)。具体来讲，当κ很大，即所有磁小体链方向一致时，样品的磁滞参数随ψ的变化与单条磁小体链基本相同。随着κ的减小，即集合体内单个磁小体链的分散程度加大，磁滞参数随ψ的变化幅度逐渐降低。也就

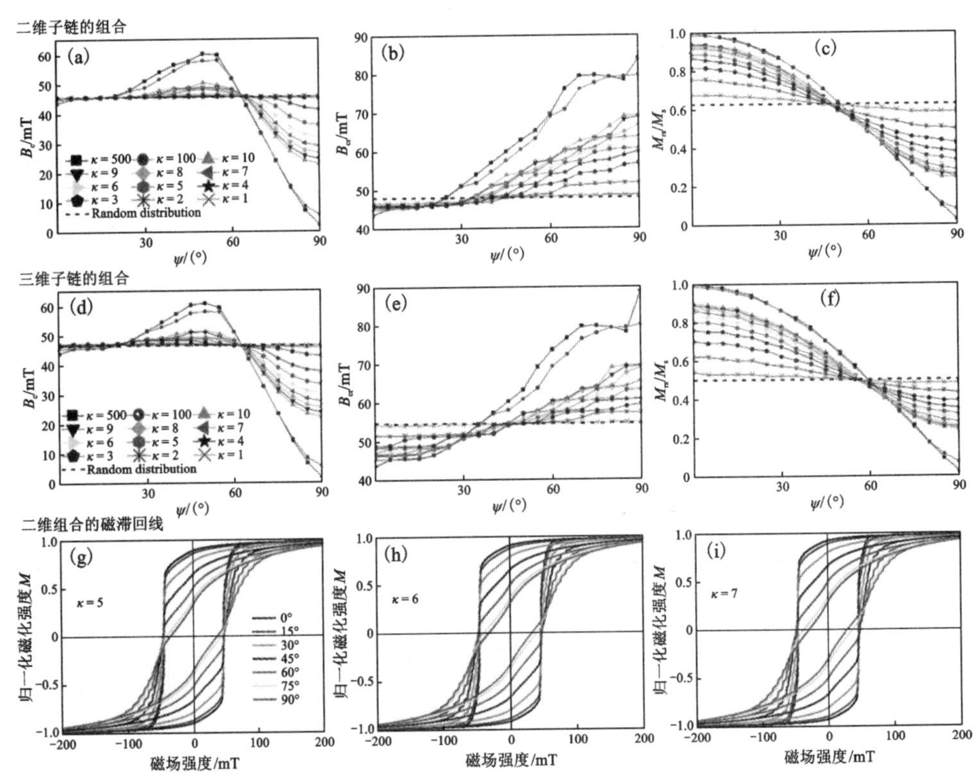

(a)、(d)为矫顽力(B_c)，(b)、(e)为饱和剩磁矫顽力(B_{cr})，(c)、(f)为饱和剩磁与饱和磁化强度之比(M_{rs}/M_s)。(a)和(d)分别为单条磁小体链2D和3D的统计结果。(b)和(e)与(c)和(f)分别为10000条磁小体链2D和3D的统计结果。对于磁小体链的2D分布，设定单个磁小体链与平均磁小体链方向之间的分散角度符合Von Mises分布。对于3D分布，设定分散角度符合Fisher分布。精度参数κ分别代表2D和3D分布中个体磁小体链的分散程度。(a)~(c)和(d)~(f)中的黑色点化线分别代表磁小体链2D和3D的随机分布。(g)~(i)分别为精度参数$\kappa=5\sim7$时，2D情况下不同外加场方向下的磁滞回线。磁滞参数和磁滞回线的部分锯齿形态是由于统计模拟是基于19条(ψ以5°步长从0°增加到90°)磁滞回线微磁结果的拟合值，并非是任意角度的磁化强度变化值。

图4-11　磁小体链磁滞参数随加场测量角度变化的模拟磁滞结果与2D拟合的磁滞回线结果

扫一扫，看彩图

是说，B_c和M_{rs}/M_s的最大值降低，而最小值升高。相比较，M_{rs}/M_s似乎比B_c对磁小体链的定向排列更为敏感，微弱的定向变化就会引起M_{rs}/M_s显著的各向异性。例如，磁小体链2D分布的κ和3D分布的κ分别减小到3和2时，B_c的各向异性基本消失，而M_{rs}/M_s在其最大值与最小值之间仍分别有约47.6%和约30.6%的差异。与预期相符，随机分布的样品不存在各向异性，随ψ变化，B_c和M_{rs}/M_s为一常数。对于磁小体链的2D随机分布，磁滞参数的理论值为：$B_c=45.8$ mT，$M_{rs}/M_s=0.63$；而对于其3D随机分布，$B_c=46.3$ mT，$M_{rs}/M_s=0.5$。模拟结果与实验测得非定向的趋磁细菌细胞的M_{rs}/M_s值相似，具有可比性(Moskowitz，1993；Pan et al.，2005b)。

当精度参数$\kappa=6$时[图4-11(h)]，理论模拟结果与我们实验中测量的结果拟合程度最好，此时对应的角偏差约为17°。SEM直接观测也表明，磁小体链并不是完全被定向，存在一定的分散度，约为21°，可见模拟结果与实验测量结果拟合效果良好。当然，理论结果与实验结果仍具有一定的差异，这些差异可能是晶体结构、定向以及实际磁小体和理论模型的不完全匹配所导致的。

4.5　讨论

4.5.1　定向磁小体模拟及其古地磁学意义

我们的研究从实验和理论模拟上均揭示，定向磁小体链的宏观磁学性质具有显著的各向异性，其各向异性程度与样品中磁小体链的定向程度密切相关。对定向磁小体链样品的实验观测与理论模拟结果相吻合，均证明沿磁小体链方向的饱和剩磁接近或等于其饱和磁化强度。对AMB-1而言，尽管合成片段化的磁小体链所有短链方向一致，每条短链仍可能等效为一个USD颗粒，因此，细胞的总磁矩仍接近细胞内所有磁小体磁矩的总和。亚磁小体链的宏观磁学行为虽然近似于单轴各向异性磁小体颗粒，但仔细观察微磁模拟结果发现，随着夹角ψ的增加，磁小体链结构内部磁化强度的翻转行为从不一致翻转(coherent)转化为一致翻转(uncoherent)(图4-8)，这种机制可能受控于亚磁小体内部的磁相互作用和颗粒间距。亚磁小体链可视为“断裂”的单轴各向异性颗粒，当ψ比较小时，磁矩需要跨过各向异性能垒，颗粒的静磁能最小化作用使得磁化强度呈现不同方向的反转状态。随着ψ值的增加，磁场方向逐渐远离磁小体链方向，磁小体链的磁化强度已经不需要跨过能垒，而是逐渐接近易磁化轴方向，因此不再出现猛然(bulkling)反转状态(Dunlop and West，1969)，即呈现一致翻转行为。前人利用TEM电子全息对磁小体链的研究表明，链内磁小体具有相同的磁化方向，磁力线完整并沿链方向分布(Dunin-Borkowski et al.，1998；Dunin-Borkowski et al.，2001；Simpson et al. , 2005; Pósfai et al. , 2007)。

通过饱和剩磁获得和退磁曲线图(图 4-6)证实，趋磁细菌细胞间不存在静磁相互作用；双链磁小体的微磁模拟(图 4-10)发现，细胞内亚磁小体链之间同样几乎不存在磁相互作用。通过研究化石磁小体发现沉积物和岩石中的化石磁小体磁相互作用也非常弱(Egli et al. , 2010; Roberts et al. , 2011)，这可能是磁小体含量较低和较强的各向异性所致，因此可以认为每条亚磁小体链之间不存在相互作用，趋磁细菌集合体中的静磁相互作用仅存在于亚磁小体内部(属于正静磁相互作用，通过增加链的形状各向异性而增加其矫顽力)。而无相互作用的磁小体链集合的统计模拟在一定程度上能够反映自然磁铁矿样品集合的磁学性质，这对认识磁性纳米材料的磁各向异性及其磁学效应具有一定的借鉴意义，同时也为将来制备定向磁小体链样品并将其应用于纳米材料或生物医学领域奠定了基础(Li et al. , 2013; Serantes et al. , 2014)。

自然环境中趋磁细菌死亡后，磁小体在沉积和埋藏过程中可能被地磁场定向。因此，沉积物或岩石中的化石磁小体可能是潜在磁载体，记录了一定的古地磁场信息(Tarduno et al. , 1998; Snowball et al. , 2002; Winklhofer and Petersen, 2007)。在本章中，我们尝试用强磁场定向细胞，获得完全定向排列的磁小体链样品。然而结果发现，即使活的趋磁细菌完全沿磁场方向运动，经过数天的沉积和固定，细胞的排列仍会出现一定程度的分散(图 4-2)。这可能与水分蒸发和细胞固定过程中的热扰动或细胞之间的相互阻隔有关。在自然环境中，由于地磁场强度远远小于我们在实验中采用磁场的强度，并且沉积环境更为复杂，磁小体链定向过程遭遇的阻力可能会更大。因此，可以预测沉积物中的化石磁小体链，如果存在定向，其定向程度也应该很弱(Mao et al. , 2014)。理论模拟揭示，对弱定向磁小体链样品，其 B_c 的各向异性可能很小甚至不存在，但 M_{rs} 和 M_{rs}/M_s 仍会产生显著的各向异性。这表明，在识别和应用化石磁小体时，不能忽视样品可能的定向及其产生的磁学效应，磁滞参数最大的方向很可能代表了初始定向磁场即地磁场的方向。如果建立了外磁场与磁小体链定向程度之间的相关性，沉积物中的化石磁小体链的磁各向异性有可能成为新的参数，用来研究古地磁场强度和方向(Paterson et al. , 2013)。

4.5.2 研究中存在的问题与展望

对于趋磁细菌磁小体链的磁学性质研究，在本章采取了岩石磁学、微磁模拟与统计模拟相结合的方法，通过配合趋磁细菌磁小体的实验制备和磁学特征观测，研究了趋磁细菌磁小体链随磁场方向变化的各向异性特征，这在将来的沉积物中对化石磁小体的识别判断及其古地磁场纪录具有重要的意义。然而，本章研究中仍然存在两方面的问题。

首先在实验方面，地磁场是个很弱的磁场，其平均磁场强度在 0.05 mT 左右，这种情况下磁场对趋磁细菌的定向可能是非常弱的。本次研究尝试探索趋磁细菌在定向情况下的磁学特征的各向异性结果，发现在外场方向高达 1 T 时，趋磁细菌磁小体链仍然具有角偏差 $\sigma=21°$，这可能与细菌培养液水分蒸发和细胞固定过程中的热扰动或细胞之间的相互阻隔有关。在自然环境中，由于地磁场强度远远小于我们在实验中采用的磁场强度，并且沉积环境更为复杂，磁小体链定向过程中遭遇的阻力可能会更大。因此可以预测，沉积物中的化石磁小体链，即使存在定向，其定向程度也应该很弱。因此有必要对沉积环境中的磁小体链定向进行实验模拟，以更准确地探讨地磁场下趋磁细菌磁小体化石的载磁机制。

其次在微磁模拟方面，通过在不同方向施加最大值为 200 mT 的变化外加磁场，获得了单条磁小体链的磁滞回线结果。模拟揭示，对于弱定向的磁小体链样品，其矫顽力 B_c 的各向异性可能很小甚至不存在，但 M_{rs}/M_s 仍然具有较显著的各向异性。然而地磁场下化石磁小体的定向可能更弱，并且磁小体链已经发生塌缩，在这种情况下使用无相互作用的统计模拟方法解释磁小体的各向异性仍然具有一定的局限性。在将来的研究中，应该考虑地磁场下塌缩聚集的磁小体链磁学性质中可能存在的各向异性行为，才更接近于模拟研究地质样品时的磁记录机制。

4.6 本章小结

磁小体链是趋磁细菌最重要的特征，是其识别和响应地磁场的物理基础。磁小体链及其显著的磁各向异性，是识别化石磁小体的重要标志。本章通过综合使用微磁模拟和实验方法研究趋磁细菌 AMB-1 体内磁小体链在外场作用下的磁各向异性行为，得到了以下认识：

(1)微磁模拟结果证实了实验观测，磁小体链的宏观磁学特征与单畴颗粒的磁学结果类似，因此可以作为天然剩磁的载体。但是，仔细观察磁小体内部的微磁行为发现，在外加磁场与磁小体链方向夹角较小时，磁化强度矢量随磁场呈现非一致(uncoherent)磁化；当夹角较大时，磁化强度矢量随磁场呈现一致(coherent)磁化行为。

(2)通过构建双亚磁小体链并进行微磁模拟发现，其磁滞参数与单个亚磁小体链非常一致，这从模拟角度证实了 AMB-1 趋磁细菌细胞内亚磁小体链之间不存在磁相互作用。结合岩石磁学实验结果证实，趋磁细菌的相互作用仅仅来自亚磁小体链内部。

(3)2D 与 3D 结构磁小体链的统计模拟显示，磁滞参数与磁小体链的分布性质相关，因此在岩石磁学中鉴别化石磁小体时需要考虑到这种各向异性的存在。而且 M_{rs}/M_s 较矫顽力 B_c 对磁小体链各向异性度的反应更加敏感，因此可以作为鉴别化石磁小体及其各向异性的一种参数，为从沉积物中从生物矿化磁铁矿角度提取有效磁场记录提供了依据。

第5章 磁赤铁矿矿化过程的实验与微磁模拟研究

磁性矿物的化学转化是岩石和矿物磁学的重要研究内容(Özdemir et al., 1993)。其中，尤以岩石和沉积物中磁铁矿或钛磁铁矿的低温氧化最为常见。例如洋壳中，钛磁铁矿的低温氧化使其剩磁记录更加复杂。由于岩石在冷凝后遭受到长期氧化会形成磁铁矿-磁赤铁矿的多相核壳结构，可能会造成剩磁记录强度和方向上的变化。因而，这种低温氧化作用严重影响了古地磁场信息的有效提取(Watkins, 1967; Gallagher, 1968; Johnson and Merrill, 1973; Haneda and Morrish, 1977; Özdemir and Dunlop, 1985, 2010; Cui et al., 1994)。然而，除了 Özdemir and Dunlop(2010)的研究之外，对磁铁矿整个低温氧化过程及其磁学特征的系统实验研究还十分缺乏。此外，想要深入探索磁铁矿化学剩磁记录的强度和稳定性，以及表面氧化磁铁矿的核壳结构(Cui et al., 1994)对部分氧化磁铁矿的宏观磁性质究竟有什么影响，也需要进一步从微观上认识磁铁矿化学剩磁的磁场记录机制。

微磁模拟方法能够有效地研究微纳米级颗粒内部的磁学行为(Schabes and Bertram, 1988; Williams and Dunlop, 1989; Fidler and Schrefl, 2000)，但将微磁模拟应用于多相铁氧化物的研究较少。少数前人研究虽然已经开始关注 MD 和大颗粒 PSD 磁铁矿的核壳结构(Cui et al., 1994; Özdemir and Dunlop, 2010)，但是对于在古地磁中起决定性作用的小颗粒(SD 颗粒和较小的 PSD 颗粒)磁性矿物的微磁研究相对缺乏，其低温氧化后的内部磁化特征以及核壳结构仍亟待解决。

因此，本研究将尝试结合微磁模拟技术、岩石磁学和系统氧化实验，探索小颗粒磁铁矿的低温氧化行为。首先，通过系统氧化得到不同氧化程度的磁铁矿，研究其磁滞属性随着氧化程度的系统变化。随后，通过建立磁铁矿-磁赤铁矿核壳结构的微磁模型，模拟磁铁矿的整个低温氧化过程，研究多相磁性矿物的磁场记录机制，并讨论化学剩磁在古地磁学上的重要性。

5.1 样品准备和实验方法

我们使用了与本书第 3 章相同的商业合成磁铁矿粉末(由 Wright 公司合成，样品号：4000)作为初始研究对象。该样品颗粒分布范围较窄，主要包含了 SD 和较小的 PSD 颗粒，其形态特征与统计参数如图 5-1 所示。由于样品磁相互作用强烈，透射电子显微镜下，磁铁矿颗粒多聚集成团状，但是仍可以从团簇边界识别出大量的单颗粒磁铁矿[图 5-1(a)]。通过对多张电镜照片进行统计，共识别出 1177 个磁铁矿颗粒。统计发现，该磁铁矿颗粒多具有一定的拉长程度，其长轴 m 和短轴 n 均呈现偏峰分布[图 5-1(b)、(c)]。对等效粒径 d[$d=2\times(mn/\pi)^{1/2}$]求取对数分布发现，该磁铁矿样品的等效粒径呈现良好的对数正态分布[图 5-1(d)]，拟合正态分布最终得到该磁铁矿样品的中值粒径 $d_m=79.1$ nm，中值形状因子(shape factor) $q_m=1.31$。以上透射电镜实验在中国科学院地质与地球物理研究所完成，使用的仪器为 JEM-2100 型透射电子显微镜，电压为 200 kV。

为了避免磁铁矿粉末在长期暴露中部分氧化，需要将样品还原为化学计量的磁铁矿。对此，首先将样品置于加热炉中，通入 80%的 CO_2 和 20%的 CO 混合气，在 395℃下持续加热 74 h，以达到充分还原的效果(Özdemir and Dunlop, 2010)，随后将样品分批，在空气中通过调整加热温度和时间进行逐步氧化。本研究一共选取了 5 个温度段(50℃、100℃、150℃、200℃和 250℃)，以及 5 个加热时间(1 h、1.5 h、2 h、2.5 h 和 3 h)。结合初始还原的磁铁矿样品，本研究一共获得了 26 个不同氧化阶段的样品(表 5-1)。

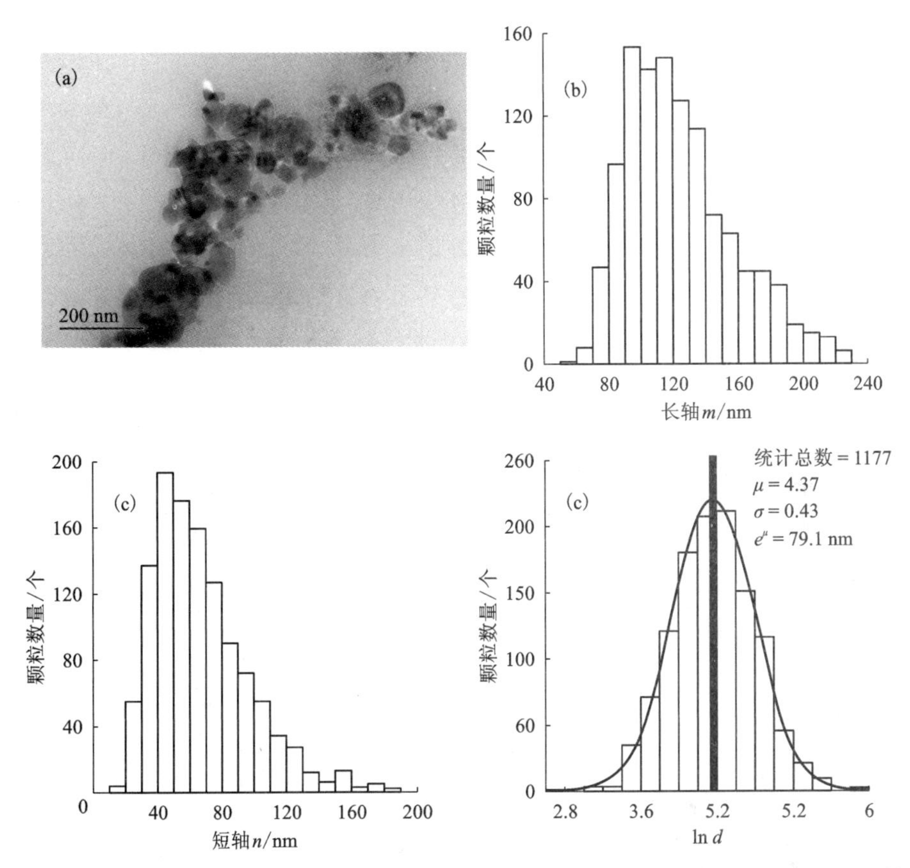

(a)磁铁矿颗粒的透射电镜(TEM)图像；(b)磁铁矿颗粒长轴统计柱状图；(c)短轴统计柱状图；(d)磁铁矿颗粒等效粒径的对数统计柱状图，图中曲线表示等效粒径对数正态分布的拟合，右上方的统计结果显示统计总数 counts=1177；颗粒对数分布的平均值 $\mu=4.37$；$\sigma=0.42$；颗粒实际平均值 d_m，即 $e^{\mu}=79.1$ nm。图(d)中黑色实线为统计平均值。

图 5-1　磁铁矿样品 4000 的形态特征及其统计参数

表 5-1　不同氧化程度磁铁矿的磁滞参数(B_c、M_{rs}/M_s 和 M_s)，对应的加热温度和时间以及计算得到的晶格参数和误差

样品号	氧化温度/℃	氧化时间/h	a/Å	误差/Å	z^*	B_c/mT	M_{rs}/M_s	M_s/($Am^2 \cdot kg^{-1}$)
y0	—	—	8.390	0.002	0.00	18.3	0.233	82.4
y501	50	1	8.370	0.002	0.59	17.4	0.225	72.4

续表5-1

样品号	氧化温度/℃	氧化时间/h	a/Å	误差/Å	z^*	B_c/mT	M_{rs}/M_s	M_s/(Am^2·kg^{-1})
y5015	50	1.5	8.379	0.003	0.39	18.0	0.230	74.5
y502	50	2	8.401	0.001	0.00	18.1	0.233	81.0
y5025	50	2.5	8.386	0.003	0.16	16.7	0.222	79.1
y503	50	3	8.389	0.002	0.08	17.6	0.224	80.8
y1001	100	1	8.374	0.003	0.50	18.3	0.234	72.2
y10015	100	1.5	8.382	0.001	0.29	18.5	0.235	75.5
y1002	100	2	8.357	0.004	0.84	18.7	0.240	65.4
y10025	100	2.5	8.386	0.004	0.17	18.9	0.237	78.9
y1003	100	3	8.386	0.002	0.18	18.7	0.237	78.7
y1501	150	1	8.381	0.003	0.31	19.4	0.253	76.0
y15015	150	1.5	8.362	0.004	0.76	19.9	0.249	67.0
y1502	150	2	8.372	0.007	0.56	20.3	0.257	70.9
y15025	150	2.5	8.379	0.001	0.38	19.2	0.253	74.7
y1503	150	3	8.346	0.002	0.95	21.2	0.264	63.1
y2001	200	1	8.350	0.002	0.91	20.1	0.278	63.8
y20015	200	1.5	8.328	0.003	0.99	19.6	0.274	69.0
y2002	200	2	8.342	0.002	0.96	15.9	0.254	62.8
y20025	200	2.5	8.348	0.001	0.93	17.7	0.264	63.5
y2003	200	3	8.333	0.003	0.97	17.3	0.255	66.6
y2501	250	1	8.330	0.003	0.99	14.2	0.227	62.8
y25015	250	1.5	8.342	0.002	0.96	14.4	0.223	62.7
y2502	250	2	8.342	0.003	0.96	14.1	0.227	64.8
y25025	250	2.5	8.341	0.009	0.97	14.1	0.226	62.7
y2503	250	3	8.323	0.003	0.99	14.3	0.230	63.6

* 表中 z 为氧化参数，是通过比较 X 射线得到的晶胞参数 a 和 Readman and O'Reilly(1971)中的校正曲线计算得出，具体见下文。

磁铁矿的氧化程度是通过氧化参数 z 来表示的(Readman and O'Reilly, 1971):

$$Fe^{2+} + (z/4)O_2 \longrightarrow (1-z)Fe^{2+} + zFe^{3+} + (z/2)O^{2-}$$

在这里氧化参数 z 由 0 变化到 1, 代表了磁铁矿($z=0$)向磁赤铁矿($z=1$)的转化。

部分氧化磁铁矿的晶格参数与其本身的氧化程度密切相关(Özdemir et al., 1993, 2010), 因此通过 X 射线(X-ray)衍射计算晶格参数可以得到相应的氧化参数 z。X-ray 测量在中国科学院地质与地球物理研究所新生代实验室完成, 使用仪器为 Philips X'Pert 衍射仪, 采用铜靶(Cu-Kα), 测量电压为 40 kV, 电流为 40 mA。通过对比磁铁矿和磁赤铁矿的标准衍射卡片(PDF#19-0629 和 PDF#39-1346), 使用 jade 软件中的晶格精修方法获得氧化样品的晶格参数及误差。通过对比最小二乘法拟合(Readman and O'Reilly, 1972)的磁铁矿氧化参数 z 与晶格参数关系曲线, 最终得到表面氧化磁铁矿的氧化程度。

我们使用无磁性 KBr 颗粒将氧化样品以质量百分数 0.5%的比率进行稀释, 然后将稀释的样品装入医用胶囊, 使用中国科学院地质与地球物理研究所古地磁与地质年代学实验室 Micromag 3900 型振动样品磁力仪对所有样品进行了磁滞回线的测试, 磁场强度区间为-1.0~1.0 T。

5.2　低温氧化磁铁矿的微磁模拟方法

表面氧化的磁铁矿普遍具有一个未经氧化的磁铁矿内核, 和一个完全氧化的磁赤铁矿外壳。因此我们可以使用一个简单的核壳结构模型进行模拟(如图 5-2 所示)。模型将一个颗粒剖分为大小相等的立方体单元, 其边界分别沿着[1 0 0]、[0 1 0]和[0 0 1]的晶体方向排列[图 5-2(a)]。为了分离核壳各部分结构的单独影响, 我们同时构建了单壳[图 5-2(b)]与单核模型(即立方体磁铁矿)。核壳结构模型包含一个磁铁矿的立方内核和一个磁赤铁矿的外壳结构[图 5-2(c)]。

随后, 使用有限差分法对模型进行网格剖分并进行微磁模拟。微磁模拟方法仍然使用最小能量法与动力学方程相结合的方法(Muxworthy et al., 2004; Muxworthy and Williams, 2006; Williams et al., 2006)。在核壳结构模型中, 为剖分网格设定不同的物理参数, 从而划分磁铁矿和磁赤铁矿的区域(表 5-2)。模型中, 磁铁矿和磁赤铁矿具有相同的易磁化轴方向, 即[1 1 1]方向。用磁铁矿和磁赤铁矿相转化边界处的边界交换常数 C_E 来表示不同的交换耦合强度。

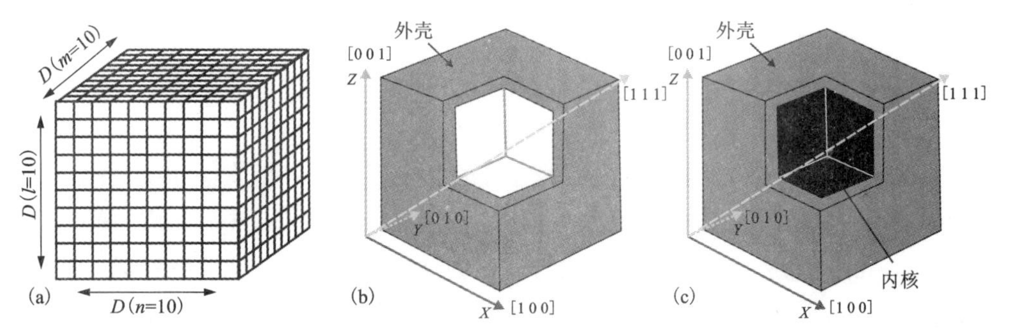

(a)用于有限差分法计算磁化强度矢量的离散化网格；(b)单壳结构模型及其[1 0 0]、[0 1 0]、[0 0 1]和[1 1 1]晶体方向，单壳结构仅由磁赤铁矿外壳(图中棕黄色部分)构成；(c)核壳结构模型及其[1 0 0]、[0 1 0]、[0 0 1]和[1 1 1]晶体方向，核壳结构由磁赤铁矿外壳(棕黄色部分)和磁铁矿内核(黑色部分)构成。

图 5-2　核壳结构的微磁模型

表 5-2　磁铁矿和磁赤铁矿的主要内禀磁学参数

矿石	$M_s/(10^5\ A \cdot m^{-1})$	$K/(10^3\ J \cdot m^{-1})$	$C_E/(10^{-11}\ J \cdot m^{-1})$
磁铁矿[a]	4.8	−12.4	1.34
磁赤铁矿[b]	3.8	−4.6	1

其中 M_s 为饱和磁化强度；K 为磁晶各向异性常数；C_E 为交换各向异性常数

[a]参数来源于(Pauthenet and Bochirol, 1951; Heider and Williams, 1988)

[b]参数来源于(Hou et al., 1998; Dunlop and Özdemir, 2001)

由于我们尝试建立一个简单的核壳模型，通过研究相转化边界的耦合强度来解释表面氧化磁铁矿样品的实验磁学结果，因此该模型并没有考虑矿物转化边界的晶格缺陷，尤其是相边界处晶格错位可能导致的内应力变化。此外，对于无边界耦合作用的核壳结构以及相应的单核结构，在处于很高的氧化程度(>0.8)时，磁铁矿的内核已经处于超顺磁的状态。由于该模拟没有考虑热波动(thermal fluctuation)的影响，因此本章没有对此类状态进行计算。虽然热波动并不会影响平衡状态下的磁化结构，但是仍然可能会将磁铁矿的矫顽力降低约 10 mT(Dunlop and Özdemir, 2001)。由于磁滞伸缩对于粒径小于 0.5 μm 的磁铁矿样品影响微弱(Fabian et al., 1996b)，本研究中也没有考虑磁滞伸缩的影响。

对于核壳结构，边界交换常数(C_E)是未知的(Johnson and Merrill, 1974)，因此本研究采用了三种可能的边界交换常数值：①$C_E=0$ J/m，表示无边界交换耦合的核壳模型；②$C_E=5\times10^{-12}$ J/m，表示由于边界晶格错位，导致较弱边界交换作用的核壳模型；③$C_E=1.17\times10^{-11}$ J/m，两种接触矿物(磁铁矿和磁赤铁矿)交换耦合常数的平均值，代表一种理论上合理的核壳模型。

本章计算了变化的外加磁场下，模型颗粒的准静态磁畴结构及其磁化强度，并由此得到核壳结构以及单壳和单核结构的磁滞回线。其中外加磁场以 5 mT 为步长，从+80 mT 变化到-80 mT。矫顽力 B_c 和 M_{rs}/M_s 均由外加场沿易磁化轴[1 1 1]方向、难磁化轴[1 0 0]方向和中间磁化轴[1 1 0]方向模拟计算求平均值获得。我们一共计算了 6 种不同体积的模型：0.64×10^{-22} m^3、2.16×10^{-22} m^3、5.12×10^{-22} m^3、10×10^{-22} m^3、17.28×10^{-22} m^3 和 27.44×10^{-22} m^3，对应的矿物粒径分别为 40 nm、60 nm、80 nm、100 nm、120 nm 和 140 nm，粒径范围涵盖了从 SD 颗粒到 PSD 颗粒的磁畴结构。

磁铁矿模型的氧化程度可以由核壳结构中壳层的厚度表示，计算磁赤铁矿壳层与整体结构的体积比可以得到氧化参数 z。通过以上方法，本研究模拟了 4 种部分氧化的磁铁矿模型，其对应的氧化参数 z 分别为：0.271、0.488、0.784 和 0.992。加上两个端员(end members)矿物，即磁铁矿和磁赤铁矿，本研究一共模拟了 108 个不同的核壳结构模型。此外，单壳和单核结构的氧化程度(虚拟)是通过假设其为整体核壳结构的一部分进行计算的，本章一共计算了 24 个单壳模型和 24 个单核模型。

5.3　低温氧化磁铁矿的实验结果

化学计量的磁铁矿呈现亮黑色，而表面氧化的磁铁矿呈现灰黑色，高度氧化的磁铁矿呈现棕色，显示了磁赤铁矿的存在。磁铁矿及表面氧化磁铁矿的磁滞参数和晶格参数如表 5-1 所示。氧化温度在 200℃以下时，氧化参数 z 对于加热温度和加热时间非常敏感。氧化温度在 200℃以上时，样品被高度氧化($z>0.9$)。磁铁矿的氧化程度随着加热温度的增加而增加，但是没有发现氧化程度与加热持续时间具有明显的关系。通过系统地调节加热温度和加热时间最终可以获得磁铁矿氧化参数 $z=0\sim1$ 的连续分布。

图 5-3 给出了不同氧化程度的磁铁矿 XRD 实验谱线(衍射角简化为从 25°到

45°)，曲线对应的氧化参数 z 分别为 0.16、0.29、0.56、0.91、0.96 和 0.97。从图中可以看出，随着氧化程度的增加，样品的衍射峰逐渐从磁铁矿的衍射峰向磁赤铁矿的衍射峰移动。该样品典型的磁滞回线如图 5-4 所示，所有样品在外加磁场超过 500 mT 以后均能达到饱和状态。饱和磁化强度 M_s 不断下降，显示磁铁矿氧化程度不断增加。在 $z<0.91$ 时，矫顽力 B_c 和 M_{rs}/M_s 随着氧化程度的增加逐渐变大。当 $z>0.91$ 时，磁滞回线开始变窄，同时 B_c 和 M_{rs}/M_s 快速降低。

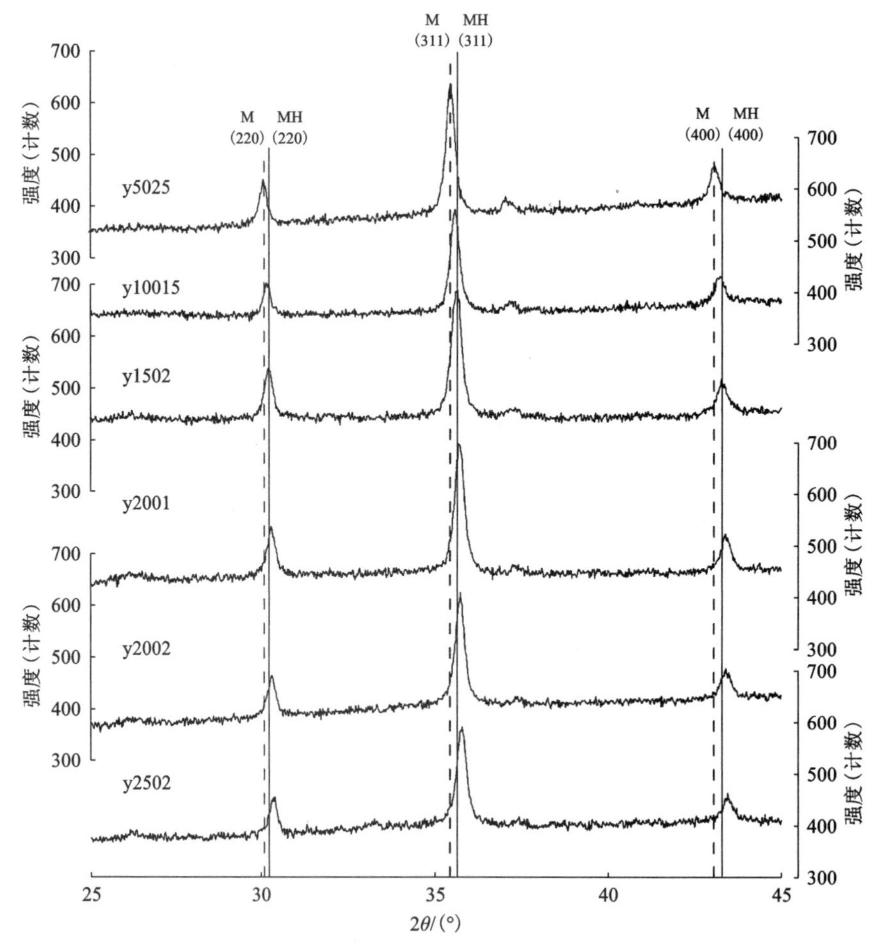

对应氧化参数分别为 0.16、0.29、0.56、0.91、0.97 和 0.97。虚线和实线分别代表磁铁矿(M)和磁赤铁矿(MH)的衍射峰，其中虚线衍射峰为 30.10°(hkl，220)、35.42°(hkl，311)和 43.05°(hkl，400)；实线衍射峰分别为 30.24°(hkl，220)、35.63°(hkl，311)和 43.28°(hkl，400)。

图 5-3　典型部分氧化磁铁矿的 X 射线衍射(XRD)图像

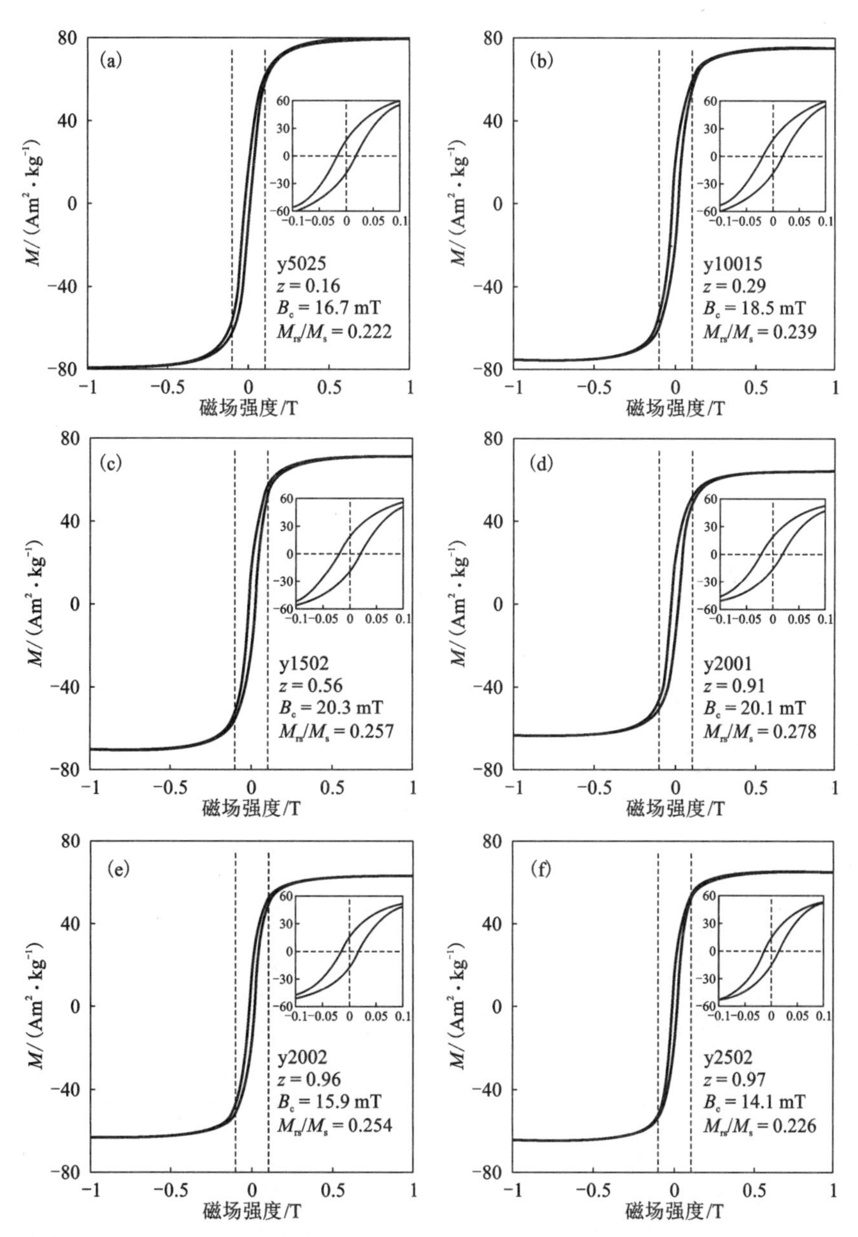

所对应的氧化参数 z 同图 5-3 相同，即(a)~(f)分别为 0.16、0.29、0.56、0.91、0.96 和 0.97，所有磁滞回线均进行了顺磁校正。右上角子图显示了原点附近的磁滞行为(图中虚线所示的区域)。

图 5-4　典型样品的磁滞回线

图 5-5 显示了磁铁矿的磁滞参数随氧化程度的变化图。矫顽力 B_c 和 M_{rs}/M_s 具有相似的变化趋势，但是 M_{rs}/M_s 比 B_c 的值更为分散。氧化程度较低时，所获得的氧化参数 z 误差较大，这可能是由于磁赤铁矿矿化刚开始时，晶格参数对于氧化程度变化更加敏感。当氧化参数 z 小于 0.9 时，矫顽力由约 17 mT 增加到约 21 mT，而剩磁与饱和磁化强度之比由约 0.22 增加至约 0.28。当氧化程度继续增加时，磁滞参数都出现了明显的快速下降。

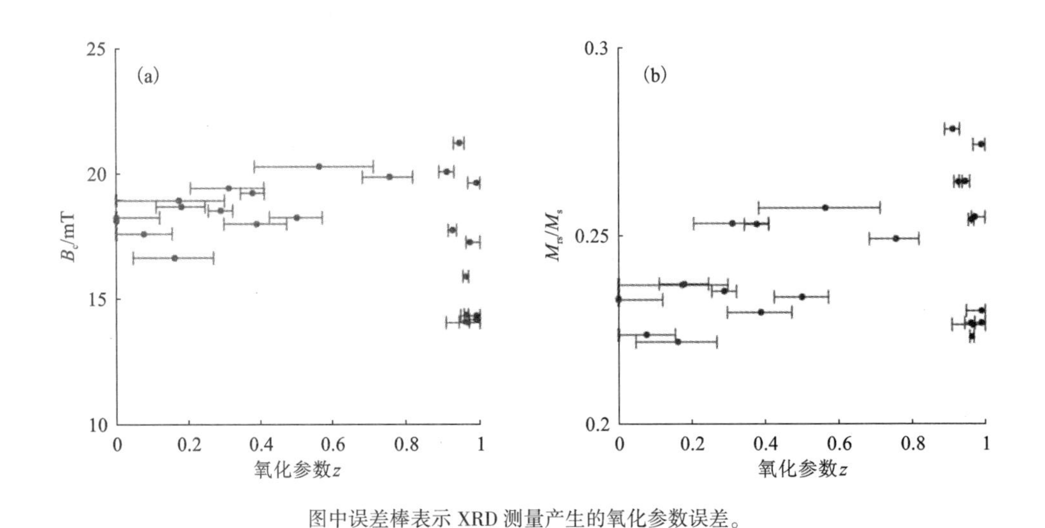

图中误差棒表示 XRD 测量产生的氧化参数误差。

图 5-5　部分氧化磁铁矿的磁滞参数(a)矫顽力 B_c 和(b)M_{rs}/M_s 随氧化参数 z 的变化图

5.4　磁滞参数的模拟结果

5.4.1　单壳结构与单核结构模型

在单壳模型中，对于 SD(40 nm、60 nm)颗粒和 PSD(80 nm、100 nm、120 nm、140 nm)颗粒，其磁滞参数随氧化程度的变化行为截然不同[图 5-6(a)、(b)]。当氧化参数 $z<0.8$ 时，SD 和 PSD 颗粒的矫顽力都呈现逐渐下降的趋势；随后 SD 颗粒的磁滞参数随着氧化参数的增加继续降低，但是 PSD 颗粒则出现增加的趋势。随着氧化程度的增加，SD 颗粒的 M_{rs}/M_s 几乎不发生变化。而 PSD 颗粒的 M_{rs}/M_s 变化曲线则同其矫顽力变化曲线类似，在 $z<0.8$ 时逐渐降低，随后出现缓慢增加的趋势。

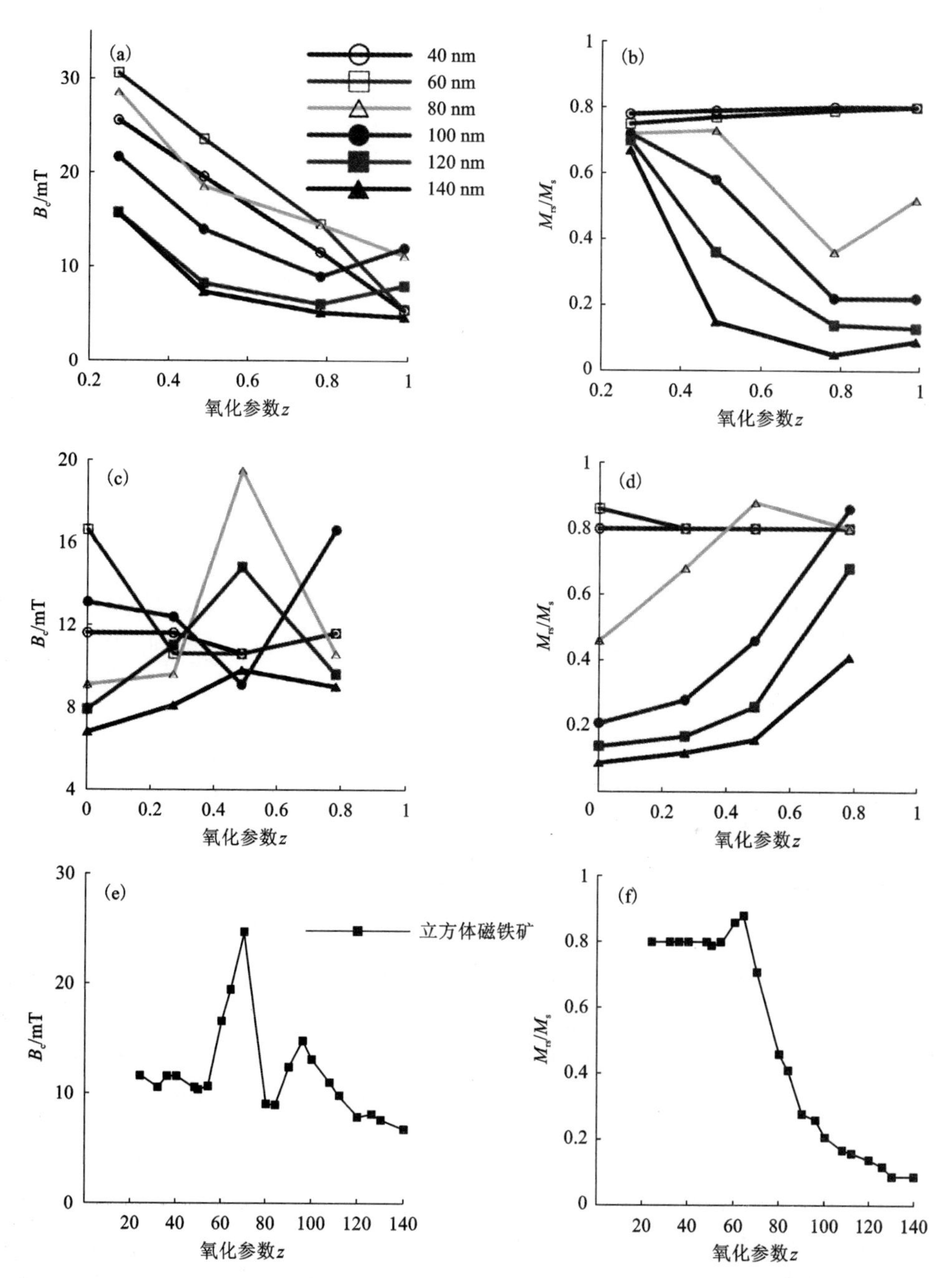

单壳结构[(a)、(b)]和单核结构[(c)、(d)]的磁滞参数(即矫顽力 B_c 和剩磁与饱和磁化强度之比 M_{rs}/M_s)随氧化程度变化图；(e)、(f)为立方磁铁矿的磁滞参数随粒径的变化曲线。对于单壳和单核模型，其氧化程度是通过将其分别作为核壳结构的一部分进行计算的；(c)、(d)中并不包含氧化程度超过 0.8 的磁滞参数，因为此时对应的磁铁矿颗粒为超顺磁状态。

图 5-6　模拟颗粒磁滞参数与氧化程度和粒径关系图

与单壳结构的磁滞参数变化曲线相比，单核结构的磁滞参数随氧化程度的变化趋势更加复杂[图5-6(c)、(d)]。单核结构实际上是不同粒径的立方磁铁矿，其磁滞参数随粒径大小的变化曲线如图5-6(d)、(f)所示(Williams et al., 2006)。随着氧化程度的增加，未氧化的SD磁铁矿内核(即单核结构)粒径逐渐减小为更小的SD结构甚至是近SP结构，而PSD磁铁矿内核则逐渐减小为稳定SD结构。随着磁能的下降，磁铁矿内核的矫顽力也将降低。而对于氧化的PSD颗粒，其单核结构磁滞参数随氧化程度的变化曲线显示了磁铁矿内核粒径从小颗粒PSD逐渐稳定为SD结构的行为[图5-6(e)]。此外，SD颗粒的内核 M_{rs}/M_s 并不随着氧化程度的增加而变化；对于PSD颗粒，其内核 M_{rs}/M_s 则出现稳定上升的趋势。

5.4.2 核壳结构模型

图5-7显示了不同边界交换常数的核壳结构模型的磁滞参数随氧化程度的变化曲线。非耦合的核壳模型其磁滞参数随氧化程度的增加变化剧烈，且与单壳和单核的模拟结果有很大不同[图5-7(a)、(b)]。当氧化参数 z 约为0.5时(此时核壳各自具有相似的磁化强度)，SD/PSD边界颗粒出现了负的磁滞参数。这是由于多相磁性矿物间的静磁相互作用产生了一个内退磁场(back-field)使非耦合的核壳磁化强度矢量发生不同时的翻转(即磁铁矿内核的磁化强度首先翻转)，最终使得整体的磁化强度在外加磁场降为零之前即发生翻转。这种行为并没有出现在较小的SD颗粒(40 nm)和较大的PSD颗粒(120 nm、140 nm)中，是因为它们产生的内退磁场不足以在外加磁场降为零之前翻转其磁铁矿内核的磁化强度。因此在 z 约为0.5时，较小SD颗粒和较大PSD颗粒并没有出现负的磁滞参数。根据实验获得的粒径分布曲线(图5-1)，并使用模拟单颗粒40 nm、60 nm、80 nm、100 nm、120 nm和140 nm获得的磁滞参数，分别表示分布柱宽为20 nm的磁滞参数平均值，可以获得30 nm和150 nm之间连续分布颗粒的加权统计平均结果(图5-7)，这在一定程度上反映了统计模型结果。对于 $z>0.8$ 的非耦合核壳模型，由于其内核已经处于超顺磁状态，因此在本研究中未予考虑。

具有边界交换耦合的核壳模型，其磁滞参数随着氧化程度的变化趋势如图5-7[(c)~(f)]所示，对应的边界交换常数分别为 5×10^{-12} J/m和 1.17×10^{-11} J/m。与非耦合核壳模型相比，两种不同耦合程度的核壳模型其磁滞参数随氧化程度具有相似的变化趋势。模拟预测结果，即加权统计颗粒的磁滞参数变化，特

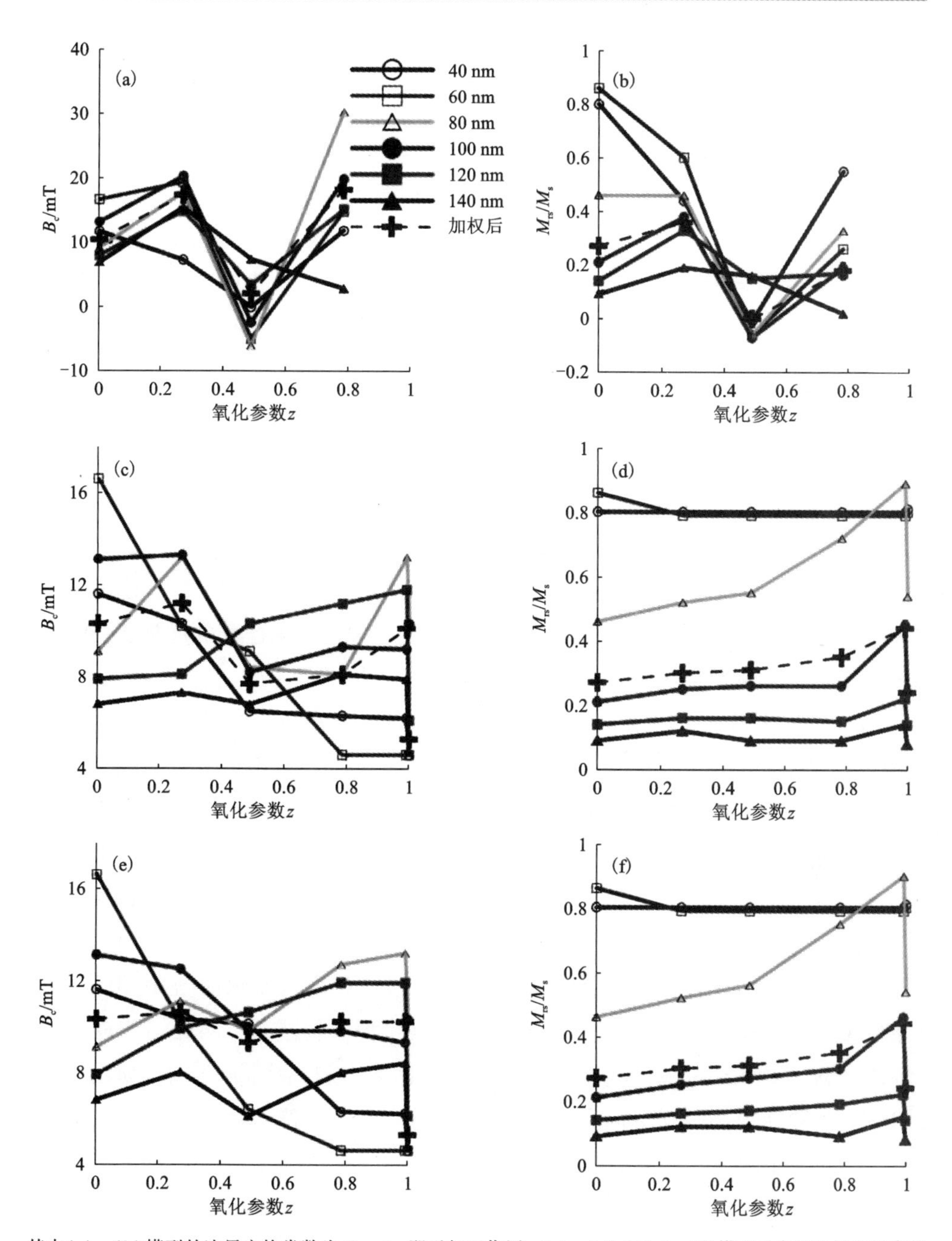

其中(a)、(b)模型的边界交换常数为 $C_E = 0$，即无相互作用；(c)、(d)和(e)、(f)模型对应的边界交换常数分别为 5×10^{-12} J/m 和 1.17×10^{-11} J/m。图中虚线表示不同粒径颗粒磁滞参数根据实验测量进行加权统计的结果。(c)、(d)中并不包含氧化程度超过 0.8 的磁滞参数，因为此时对应的磁铁矿颗粒为超顺磁状态。

图 5-7　不同边界交换常数的核壳结构的矫顽力 B_c 和剩磁与饱和磁化强度之比 M_{rs}/M_s 随氧化程度的变化图

别是剩磁与饱和磁化强度之比随氧化程度的变化曲线与实验结果一致性很好。这说明边界交换耦合作用主导了氧化磁铁矿颗粒的宏观磁行为。

对于 SD 颗粒，模拟结果显示，随着氧化程度的增加，耦合核壳模型的矫顽力逐渐降低[图 5-7(c)、(e)]，但是相应的剩磁与饱和磁化强度之比并没有发生变化。对于 PSD 颗粒，在氧化参数 $z\approx0.9$ 之前，磁滞参数整体呈现增加的趋势。随着氧化参数的继续增加，磁滞参数迅速降低。其中，处于 SD/PSD 边界的颗粒(80 nm、100 nm)比较大的 PSD 颗粒(120 nm、140 nm)变化更加剧烈。

5.5 核壳模型的内部微磁结构

对于 SD 颗粒的核壳结构，其剩磁与饱和磁化强度之比并不随氧化程度的变化而变化。因此，SD 颗粒内部的磁化强度始终处于一致的磁化状态[图 5-7(d)、(f)]。然而，单壳结构 SD 颗粒内部的磁化结构要更为复杂(图 5-8)。在氧化程度较低时，磁化强度矢量沿着壳层表面一致排列；随着氧化程度的增加，壳层结构内部开始出现涡旋结构[图 3-8(c)、(d)]。

我们选用了具有平均边界交换常数(即 1.17×10^{-11} J/m)的核壳结构来讨论其微磁模拟结果(图 5-9 和图 5-10)。图 5-9 展示了 60 nm 和 100 nm 颗粒在氧化参数分别为 0 和 0.488 时的剩余磁化状态。与纯磁铁矿相比(即 $z=0$)，表面氧化的磁铁矿具有更为一致的磁化方向。对于 100 nm 的纯磁铁矿颗粒，磁化强度矢量还出现了卷曲成核的形态。此外，表面氧化的磁铁矿颗粒(核壳结构)相比纯磁铁矿还具有更加对称排列的磁化强度矢量。

粒径为 80 nm 的颗粒的剩余磁化状态随着氧化程度的变化如图 5-10 所示，初始纯磁铁矿呈现涡旋状的磁化结构；随着氧化程度的增加，涡旋结构逐渐增大，并伴随着矫顽力和剩磁与饱和磁化强度之比的增加；当氧化参数增加至 $z\approx0.8$ 时，磁化结构从涡旋结构变化为一致磁化；最终随着磁铁矿完全氧化为磁赤铁矿，一致磁化消失，涡旋结构重新出现。

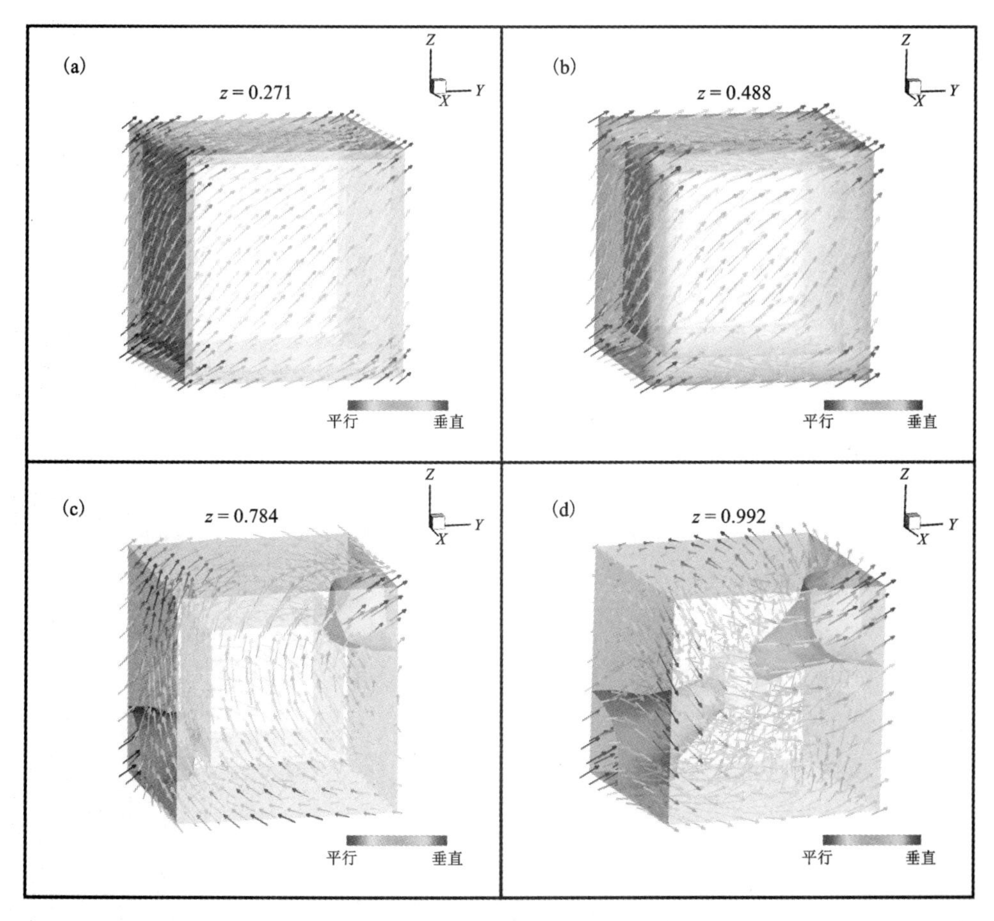

(a)~(d)对应的氧化参数分别为 0. 271、0. 488、0. 784 和 0. 992，初始外加磁场方向为[1 1 1]方向。图中颜色棒由红色变为蓝色表示磁化强度矢量单元方向由平行于剩余磁化方向，即[1 1 1]方向变化到垂直于剩余磁化方向。(c)、(d)中黄色曲面为等值面，代表了磁化强度矢量单元与剩余磁化方向([1 1 1]方向)夹角小于 20°的矢量范围，用于表示磁化强度矢量方向的一致性程度。

图 5-8　粒径为 80 nm 颗粒的单壳结构模型剩余磁化结构图像

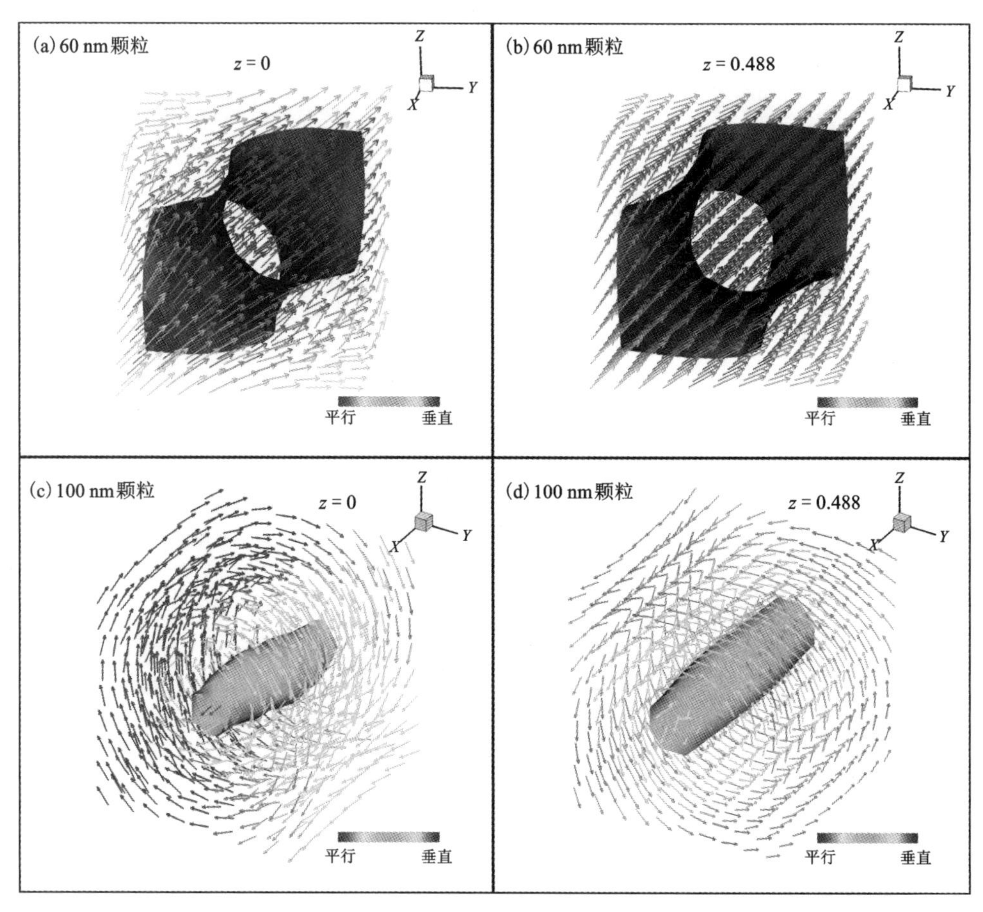

其中氧化参数(a)、(c)为0，(b)、(d)为0.488，初始外加磁场方向为[1 1 1]方向。图中颜色棒由红色变为蓝色，表示磁化强度矢量单元方向由平行于剩余磁化方向，即[1 1 1]方向变化到垂直于剩余磁化方向。(a)、(b)中的红色曲面和(c)、(d)中的绿色曲面为等值面，分别代表了磁化强度矢量单元与剩余磁化方向夹角小于5°和小于40°的矢量范围。

图 5-9　微磁模拟 60 nm[(a)、(b)]和 100 nm[(c)、(d)]核壳结构的剩余磁化强度图像

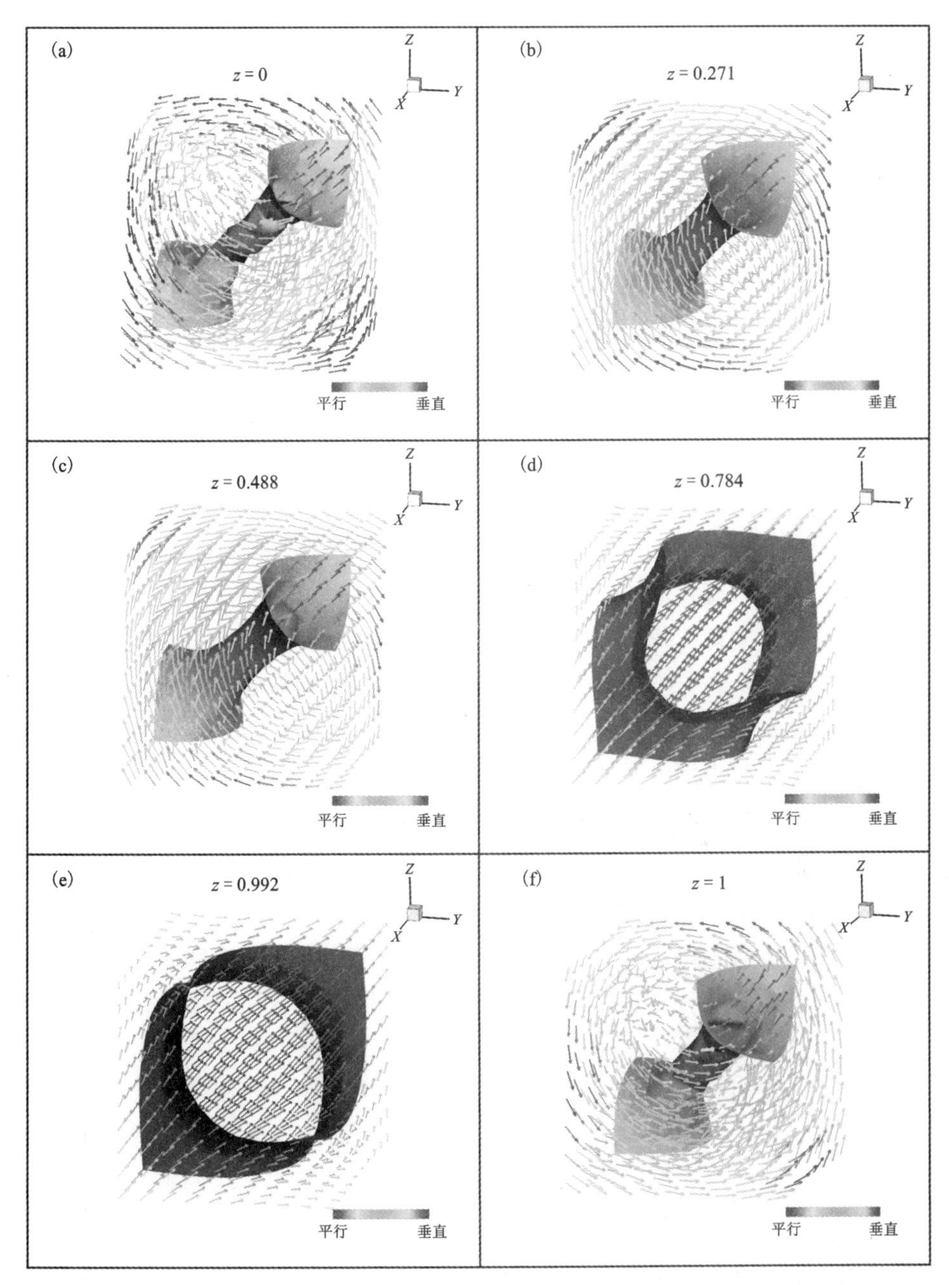

其对应的氧化参数从(a)到(f)依次为 0、0.271、0.488、0.784、0.992 和 1，初始外加磁场方向为[1 1 1]方向。图中颜色棒由红色变为蓝色表示磁化强度矢量单元方向由平行于剩余磁化方向，即[1 1 1]方向变化到垂直于剩余磁化方向。(a)、(b)、(c)、(f)中的黄色曲面和(d)、(e)中的棕色曲面为等值面，分别代表了磁化强度矢量单元与剩余磁化方向夹角小于 20°和小于 10°的矢量范围。

图 5-10　微磁模拟粒径为 80 nm 核壳结构的剩余磁化强度图像

5.6 讨论

5.6.1 低温氧化与核壳结构模型

细颗粒磁铁矿的低温氧化受控于多种因素，包括粒径、分布、形态以及氧化模式等(Bleil and Petersen, 1983; Worm and Banerjee, 1984; Zhou et al., 2001; Gee and Kent, 2007)。因此氧化参数与加热时间没有明显的线性关系，实验中往往是通过 XRD 方法获得一个整体的氧化程度。在本研究中，磁铁矿不同阶段的氧化程度是通过逐步调节加热温度和加热时间来获得的，并通过 XRD 衍射峰的移动得到了进一步证实(图 5-3)。

实验结果发现，磁铁矿的磁滞参数(即矫顽力和剩磁与饱和磁化强度之比)随氧化程度的变化呈现相似的趋势(图 5-4 和图 5-5)。Özdemir 和 O'Reilly(1982)在研究钛磁铁矿的氧化机制时也发现了类似的磁学行为。他们发现在氧化参数 $z\approx0.4$ 以前，磁赤铁矿矿化会增加钛磁铁矿的剩磁稳定性，即矫顽力会增加。随着氧化参数的继续增加，剩磁稳定性快速下降。然而，钛磁铁矿的剩磁与饱和磁化强度之比随氧化程度的增加并没有快速下降，因此他们排除了矫顽力的下降是由于磁铁矿在氧化过程中 SD 颗粒破碎成为超顺磁颗粒这一可能，从而认为钛磁铁矿的这种低温氧化行为可能是由于其矿物组分和内部的显微结构变化所导致。

在本章中，我们通过使用一个简单的核壳微磁结构模拟了多相矿物的磁畴形态。尽管模型没有考虑矿物边界之间由于晶格错位可能导致的内应力变化，并使用平均交换常数来代替可能存在的过渡边界，模拟仍然得到了与实验观测相一致的结果。

如果不考虑边界交换作用的影响，即非耦合的核壳结构各部分之间将仅仅存在静磁相互作用。根据模拟结果，在一定氧化程度时出现矫顽力和剩磁与饱和磁化强度之比为负数的情况[图 5-7(a)、(b)]，这显然是与实验观测不符的。因此多相矿物在边界附近必然存在一定程度的相互交换作用，即核壳耦合。此外，微磁模拟揭示磁滞参数在高度氧化时快速下降很可能是因为磁铁矿内核消失所导致的 PSD 颗粒磁畴结构的系统变化。

5.6.2 核壳耦合与粒径的关系

从表 5-2 可以看出，磁铁矿的磁晶各向异性几乎是磁赤铁矿的三倍，因此磁赤铁矿具有更低的矫顽力，并且不容易形成一致的磁化状态。实验和微磁模拟结果发现的磁滞行为可以解释为较软（即矫顽力较低）的磁赤铁矿外壳与较硬（即矫顽力较高）的磁铁矿内核的耦合结果。

（1）对于 SD 颗粒（<70 nm），模拟计算得到一个始终很高的剩磁与饱和磁化强度之比，但矫顽力则随着氧化程度的增加逐步下降。这是由于 SD 颗粒在氧化过程中始终处于磁化一致的状态。由于边界交换作用的影响，磁赤铁矿外壳的磁化强度矢量起初被矫顽力较高的磁铁矿内核控制而具有较高的矫顽力；随着氧化程度的增加，磁赤铁矿逐渐主导核壳结构，使得矫顽力逐渐降低。

（2）对于 SD-PSD 边界颗粒（80～100 nm），其磁滞行为随氧化程度的增加变得更加复杂。从图 5-10 可以看出，初始的 80 nm 立方磁铁矿在平衡状态下具有涡旋磁化结构；然而随着氧化的进行，磁铁矿内核开始衰减，磁赤铁矿较低的 M_s 使得颗粒整体的饱和磁化强度降低。与此同时，边界耦合作用的存在使得颗粒的磁晶各向异性能仍然很大。在这种条件下，平衡状态下的颗粒呈现出 SD 形态的磁化结构。随着氧化程度的继续增加，当颗粒接近于完全氧化时，磁铁矿内核足够小，当磁铁矿内核小到不能影响整体的矫顽力时，颗粒内部重新出现涡旋状态的磁化结构，同时伴随着矫顽力和剩磁与饱和磁化强度之比的快速下降。虽然这种现象在部分 SD-PSD 边界颗粒中表现得并不明显，但是在氧化过程中仍然表现出矫顽力的增加，直至磁铁矿内核完全消失。

（3）对于更大的 PSD 颗粒（远大于 SD 边界），在整个氧化过程中，始终保持着涡旋结构。然而，随着氧化程度的增加，颗粒矫顽力增加的现象依然存在。氧化作用只降低了磁铁矿内部的涡旋程度[图 5-9（c）、（d）]。磁铁矿随氧化程度增加而逐渐变硬并产生更一致的磁化结构，导致了矫顽力和剩磁与饱和磁化强度之比的增加。随着磁铁矿内核的消失，氧化的磁铁矿完全转变成磁赤铁矿，从而导致磁滞参数快速下降。

5.6.3　磁铁矿低温氧化的古地磁学意义

在古地磁学和环境磁学研究中，SD 以及较小的 PSD 磁铁矿颗粒因其具有较高的剩磁强度和稳定性，是记录地磁场信息的主要载体。本章研究显示，在氧化参数 z 达到约 0.9 之前，矫顽力和剩磁与饱和磁化强度之比都呈现逐步增加的趋势，这说明表面氧化的磁铁矿能够保持一个稳定的剩磁（Williams et al.，2011）。其微磁结构也证实了，除了非常狭窄的 SD-PSD 边界处颗粒的磁滞参数会因为氧化程度的增加而变化较大之外，绝大多数 SD 和 PSD 颗粒，其携带的剩磁很少受到氧化程度的改造(图 5-7、图 5-8 和图 5-9)。因此自然界中绝大多数细颗粒磁铁矿即使受到低温氧化改造，也仍然能够记录稳定的地磁古方向和古强度。此外，对于部分 PSD 颗粒，虽然其记录的磁场方向不会因为低温氧化而发生变化，但是剩余磁化强度会有一定程度的增加。但总体而言，低温氧化的 SD-PSD 边界磁铁矿颗粒能够记录可靠的古地磁信息。

磁铁矿和钛磁铁矿的低温氧化过程在自然界中广泛存在，尤其是在风化较为强烈的陆地岩石和深海玄武岩中。在这种双相矿物转化过程中，新生成的矿物会影响原生矿物，使得化学剩磁(CRM)的磁场记录理论不再适用(Moskowitz, 1980)。虽然地磁场倒转期间的长期低温氧化机制仍需要继续探讨，但是本章研究发现，长期暴露在稳定磁场中的磁性矿物，即使遭受低温氧化的改造仍然能够记录地磁场信息。Bleil 和 Petersen(1983)中曾报道年龄跨越从 20 Ma 到 120 Ma 的大洋玄武岩，伴随着氧化程度的增加，其剩余磁化强度有缓慢增加的现象。这种现象就可以通过本研究的实验和模拟结果得到很好的证明和解释(图 5-5 和图 5-10)。此外，我们的研究还暗示沉积物中以单畴颗粒为主的化石磁小体，即使遭受了化学改造，也依然能够稳定地记录地磁古强度。总之，低温氧化形成的化学剩磁，可以作为地磁场信号的有效记录源。

5.6.4 研究中存在的问题与展望

模拟结果显示，PSD 颗粒随氧化程度变化的磁滞行为与实验结果虽然具有很好的一致性(图 5-7)，但仍然具有一定程度的不同之处。比如纯磁铁矿的实验磁滞结果相比模拟结果具有更高的矫顽力(约 18 mT)和更低的剩磁与饱和磁化强度之比(约 0.22)(边界交换强度为 1.17×10^{-11} J/m 的核壳模型加权统计的模拟矫顽力值约为 10 mT，剩磁与饱和磁化强度之比约为 0.27)。

虽然模拟考虑了地表或者海底风化产生的氧化磁铁矿的理论模型，但自然界中由于颗粒氧化破碎或者内部不均一性导致的微结构变化并未被考虑。此外，实验与模拟结果的不同之处可能来自测量粉末中 PSD 颗粒和 SD 颗粒的平均作用，以及不完全一致的氧化状态。并且，由于双相矿物边界可能存在过渡带(transition zone)而不是矿物相的直接变化，因此实验中有可能低估磁铁矿氧化初期的氧化参数，造成与模拟结果的不一致。实验剩磁与饱和磁化强度之比的数值相对较低可能是磁铁矿粉末中含有超顺磁颗粒和较大的 PSD 颗粒所致。从模拟角度讲，本研究忽略了颗粒间相互作用的影响和磁晶各向异性的随机性，简单地将单颗粒模型进行加权统计，这也不足以模拟真实的实验结果。此外，模型仅仅考虑了完全对称氧化的立方体磁铁矿模型(图 5-2)，并且没有将热波动和边界矿物转化造成的内应力的影响考虑在内。自然界或合成样品中磁铁矿样品的纯度，以及不确定的颗粒间相互作用等都会影响实验结果与理论结果的一致性程度。尽管如此，简单的核壳结构模型仍然可以解释细颗粒低温氧化的物理机制，即核壳耦合作用。

未来的研究还应考虑使用自然样品进行低温氧化探索，并且考察形状各向异性(Tauxe et al. , 2002; Yu and Tauxe, 2008)以及矿物边界转换带对磁学特征和微磁内部结构的影响(Özdemir and Dunlop, 2010)。

5.7　本章小结

本章通过逐步改变加热温度和加热时间得到了氧化程度连续变化的表面氧化磁铁矿样品，并且通过测量磁滞回线获得了详细的磁滞参数。随后，参照实验测量，以简单核壳结构为模型进行了微磁模拟，计算了从 SD 到 PSD 表面氧化磁铁矿颗粒的详细磁学结果。研究发现：

(1)本章首次从实验和模拟两方面系统研究了磁铁矿的低温氧化机制，研究发现核壳结构模型的磁滞行为与实验结果一致性很好。

(2)表面氧化磁铁矿的磁学行为主要受到核壳结构耦合的影响，使得磁铁矿的磁滞参数从 SD 到 PSD 颗粒随氧化程度的增强显示出不同的变化特征。

(3)低温氧化形成的磁铁矿能够记录古地磁场信息，这为将来从化学转化的自然磁性矿物中提取地磁场记录提供了可靠依据。

第6章　磁不稳定区的实验验证

近些年来，微磁模拟预测在磁畴状态从单畴到单涡的转变附近，颗粒具有一个磁稳定性较低的反常区域。这个区域的影响还没有被完全解译，但是如果这个区域的范围随着外加磁场和温度的变化而改变，那么它很可能会增加古地磁记录中观测的不确定性。这一区域的粒径范围很小意味着当结合样本中粒度分布更广泛时，其影响很难识别。本章报道了一种利用磁铁矿低温氧化检测不稳定区的方法。利用多层核壳结构的微磁模拟，对中值直径接近不稳定区的部分氧化颗粒的岩石磁学实验进行了重新解释。与已报道的单核-壳耦合几何构型相比，预测的磁性质与实验数据的一致性有了显著提高。所观察到的剩磁和矫顽力的变化与预测的磁不稳定性区域(粒径为80~120 nm)附近的磁畴结构变化有关，从而首次提供了磁不稳定区存在的实验迹象。我们还证明了颗粒粒径在此范围以外的颗粒中的剩磁是稳定的。这为“磁不稳定区”的实验研究提供了思路，对正确解释磁记录具有重要意义，而且部分氧化的磁铁矿颗粒能够记录古地磁信号。

Nagy等(2017)报道了一个存在于SD-SV边界的磁稳定性出乎意料得低的粒径范围，该区域相当于等维磁铁矿的粒径(84~100 nm)。这个磁不稳定区的特征在于多种可能的磁畴状态，例如硬轴对准SV(HSV)、易轴对准SV(ESV)或易轴对准SD结构。值得注意的是，这些畴态之间的能垒足够小，使得它们在室温下是不稳定的或是弱稳定的。此外，不稳定区的位置和宽度取决于矿物学和颗粒形态(Nagy et al.，2019)。尽管这些不稳定区对古地磁观测的影响尚不完全清楚，但它们可能通过诸如阻挡和解阻温度不同的PTRM尾部等不良效应，在退化古地磁记录方面发挥重要作用(Shashkanov and Metallova，1972；Yu et al.，2013；Shaar and Tauxe；2015；Santos and Tauxe，2019)。然而，这种不稳定区域的直接观测受到其细小晶粒尺寸范围的阻碍，其影响难以与总样品剩磁分离。一种可能的解决方案是对实验室平均粒度接近磁铁矿的不稳定区的样品进行低温氧化。随着氧化的进行，SD、HSV和ESV畴态的比例发生改变进而影响了剩磁，这是我们可以预测且可以与实验观测结果进行比较的参数。

低温氧化是古地磁研究的热点，因为它广泛存在于自然界中(Moskowitz，1980；van Velzen and Dekkers，1999；Özdemir and Dunlop，2010)。研究表明，磁铁矿颗粒氧化成磁铁矿的过程受铁离子扩散控制(O'Reilly，1984)，并进一步受到Fe^{2+}浓度从内部向边缘变化的驱动，最终在颗粒内产生氧化梯度(Özdemir and Dunlop，2010)。基于铁离子的扩散过程，单个磁铁矿晶体的氧化从颗粒表面到内部连续且非线性地发生(Gallagher et al.，1968；O'Reilly，1984)。氧化作用虽然不会引起粒子尺寸的变化，但是会降低磁化强度，从而改变畴态能量，进而改变磁不稳定区的位置和SD、HSV和ESV畴态边界的临界颗粒粒径。因此，对于中值粒径位于室温下磁不稳定区域的磁铁矿颗粒，低温氧化过程中磁性的逐渐变化将在样品中颗粒的粒径范围内扫描到不稳定区的峰值。

在本章，我们研究了磁畴结构和磁性与氧化程度的联系，将重点放在古地磁意义重大的SD-SV粒度范围边界上，并假设氧化发生在有限宽度的颗粒上。通过使用建模软件包MERRILL(与微磁地球相关的快速解释语言实验室)(Conbhuí et al.，2018)的多层有限元方法，在模型中加入氧化梯度，并将模拟结果与实际实验数据进行比较。结合多层模型，实验观测结果与磁不稳定区相关的磁畴态的快速变化相一致。本章还讨论了使用低温氧化方法识别地质样品磁记录不稳定区的意义。

6.1　微磁模拟

6.1.1　模型的构造

合成、还原和氧化磁铁矿的实验数据已经由Ge等(2014)描述过。透射电子显微镜(TEM)和粒度分布如图6-1所示。统计中值粒径和轴比(长轴/短轴)分别为 79.1 nm 和 1.31。通过将还原磁铁矿加热到不同的温度持续不同的时间，得到低温氧化磁铁矿，并通过拟合 XRD 观察得到的晶胞粒径与氧化参数 z 的标准曲线来确定氧化程度(Readman & O'Reilly, 1972)。

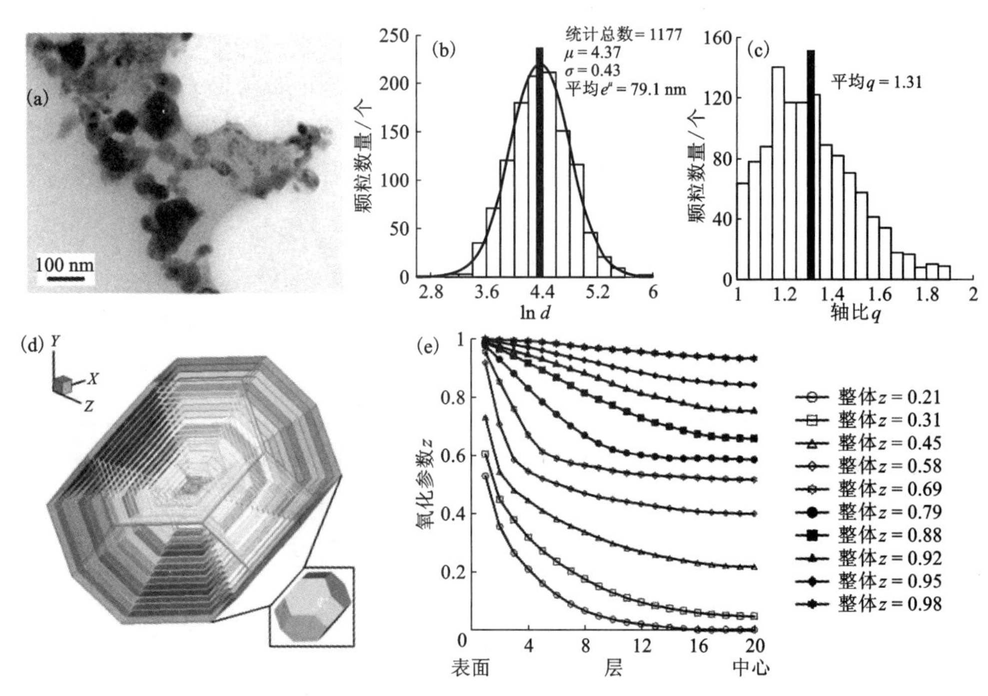

TEM 图像(a)和观察到的磁铁矿粉 4000[(b)、(c)]的粒度分布(修改自 Ge 等, 2014)。(b)中的黑色曲线表示直方图与颗粒粒径的对数的正态分布拟合，μ 和 σ 分别为粒径对数的平均值和标准差。平均轴比 q 为 1.31，用粗黑线表示轴比(c)的分布。(d)内部 20 层使用半透明视图将多层核壳建模为渐变区，截断八面体核壳模型的延伸方向和系数分别为[1 1 1]和 1.31。(e)氧化参数 z 随磁铁矿颗粒不同氧化阶段的层数的变化(修改自 Gallagher et al., 1968)。

图 6-1 微磁建模的参考模型

数值微磁模型使用了沿[1 1 1]方向的伸长参数为 1.31 的截角八面体颗粒，与实验数据(图 6-1)中看到的典型伸长参数相同。为了接近 Gallagher 等(1968)所描述的使用离散化方法获得的连续氧化核壳结构，本章研究的氧化过渡区是由多达 20 个与晶粒形状相似但体积减小的同心区形成的，因此每个区的厚度都是相同的。

在微磁模拟中，采用了适合于磁铁矿的室温材料参数，即交换常数(A_{ex} =

1.33×10^{-11} J/m)、磁晶各向异性参数($K_1 = -1.24 \times 10^4$ J/m)和饱和磁化强度($M_s = 4.8 \times 10^5$ A/m)(Pauthenet & Bochirol, 1951; Heider & Williams, 1988)。对于磁铁矿，该核壳模型所用的基本磁参数分别为 1×10^{-11} J/m、-4.6×10^3 J/m 和 3.8×10^5 A/m(Dunlop & Özdemir, 1997)。值得注意的是，磁铁矿和磁赤铁矿共享同一立方晶轴。

利用菲克扩散定律，Gallagher 等(1968)计算了与连续的整体氧化阶段相对应的磁铁矿颗粒从外到内的 Fe^{2+} 阳离子(氧化态)的连续浓度分布(图 6-1)。根据磁铁矿和磁赤铁矿的氧化程度，对磁铁矿和磁赤铁矿的材料参数进行简单的线性插值，确定了核壳模型中各部分氧化层的材料参数。在不同氧化态的层之间的边界需要一个交换参数，这只是相邻层交换常数的平均值(Ge et al., 2014)。

通过简单地计算各区域氧化态的体积平均值来确定整体氧化参数。在本章研究中，从 Gallagher 等(1968)的数值动力学模型中提取了 10 种不同平均氧化态的颗粒，其体积 z 值分别为 0.21、0.31、0.45、0.58、0.69、0.79、0.88、0.92、0.95 和 0.98，然后输入微磁计算。包括两个端元(磁铁矿 $z=0$，磁铁矿 $z=1$)，共计算了 12 种不同的氧化态。考虑了 9 种不同的粒度，每个截角八面体的形状，体积相当于边长分别为 40 nm、60 nm、70 nm、80 nm、90 nm、100 nm、120 nm、140 nm 和 160 nm 的立方体。总共获得了 108 个不同氧化态和颗粒粒径的核壳模型。

6.1.2　微磁建模

本章研究使用 MERRILLv1.4(Conbhuí et al., 2018)来计算核壳结构，该软件包能够对任意形状的颗粒中的多相磁性材料进行建模。在外加磁场从 180 mT 到 -180 mT 以 5 mT 为步长，并沿[1 1 1]、[1 0 0]和[1 1 0]方向排列的情况下，对磁滞进行了模拟。磁滞的每个半环的初始磁化状态被设置为在外加磁场方向上饱和(均匀磁化状态)。所研究的矫顽力(B_c)和饱和剩磁与饱和磁化强度之比(M_{rs}/M_s)是沿三个外加磁场方向的平均值。

6.2　模拟结果

6.2.1　磁滞参数

图 6-2 显示了不同粒径颗粒随氧化程度变化的典型磁滞回线。总体来说，颗

粒的磁滞回线随氧化态的增加呈现出系统性的变化。60 nm 颗粒表现出典型的 SD 特征，在氧化过程中 M_{rs}/M_s 稳定，B_c 略有下降。这些 SD 颗粒的 M_{rs}/M_s 预测值约为 0.8 时，反映了形状各向异性和晶体各向异性的共同作用，在它们分别占主导作用时，M_{rs}/M_s 值分别为 0.5 和 0.866。

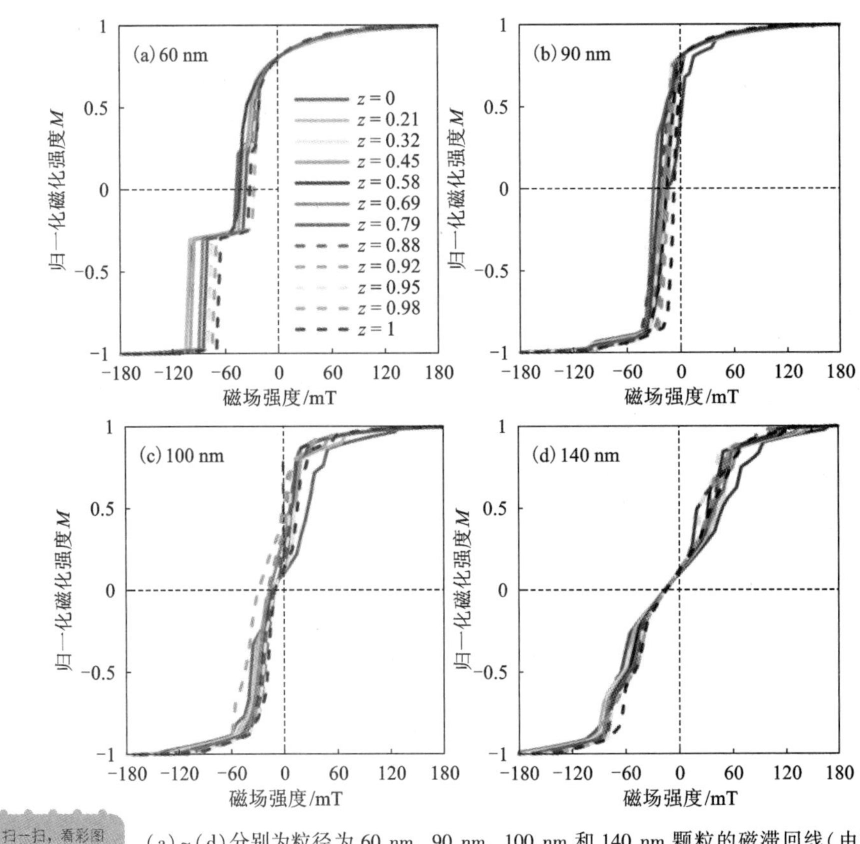

扫一扫，看彩图

(a)~(d)分别为粒径为 60 nm、90 nm、100 nm 和 140 nm 颗粒的磁滞回线(由施加在[1 0 0]、[1 1 0]和[1 1 1]方向上的场的平均曲线形成)。磁化强度标准化为均匀磁化粒子的磁化强度。

图 6-2　颗粒磁滞参数随氧化参数 z 的变化

对于较大的颗粒，随着氧化的进行，粒径为 90 nm 的颗粒的 B_c 和 M_{rs}/M_s 都有明显的变化，而 SD 表征在一定程度上保持不变。图 6-3 显示了 B_c 和 M_{rs}/M_s 随氧化参数的详细变化。当颗粒粒径为 100 nm 时，SD 表征消失，磁滞参数也发生了很大的变化。大得多的颗粒(粒径为 140 nm)开始保持稳定的 B_c 和 M_{rs}/M_s，

而不受化学变化的影响。

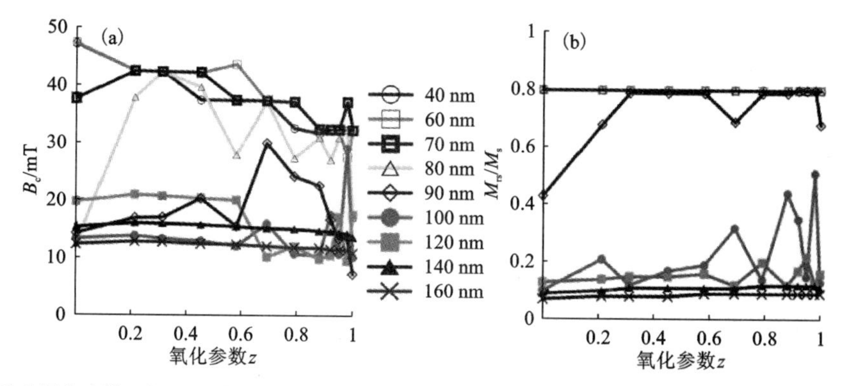

(a)为多层核壳模型的矫顽力(B_c)与氧化参数 z 的微磁模拟结果，(b)为饱和剩磁与饱和磁化强度之比与氧化参数 z 的微磁模拟结果，注意(b)中粒径为 40 nm、60 nm、70 nm、80 nm 的颗粒曲线在整个氧化过程中完全重叠，稳定 M_{rs}/M_s 值约为 0.8。

图 6-3　B_c 和 M_{rs}/M_s 随氧化参数 z 的变化

对于位于 SD 范围(粒径为 40~70 nm)的颗粒，随着氧化程度的增加，B_c 逐渐减小，M_{rs}/M_s 基本不变。在 SV 结构(颗粒粒径为 80~120 nm)中，稍大颗粒的磁畴状态随着氧化的进行开始表现出更大的随机性。结果表明，粒径大于等于 80 nm 的颗粒的 B_c 和粒径大于等于 90 nm 的颗粒的 M_{rs}/M_s 在氧化过程中出现波动，在氧化的早期和后期分别出现明显的增大和减小，这证明了颗粒位于不稳定区边界附近的事实，在这个区域，畴态的多样性以及快速变化的热稳定性和矫顽力将使其磁特性对氧化变化非常敏感。相反，对于更大的 SV 颗粒(粒径为 140~160 nm)，这些参数几乎保持不变。具体地说，随着氧化的进行，B_c 略有下降，而 M_{rs}/M_s 略有增加。

6.2.2　微磁结构

多层核壳模型的微磁结构如图 6-4 和图 6-5 所示。图 6-4 所示为氧化参数 z 分别等于 0、0.45 和 1 的粒径为 60 nm 的颗粒的零场微磁核壳结构。从磁化强度矢量的方向可以看出，在整个氧化过程中，剩磁保持在几乎均匀的 SD 状态。同样，对于粒径大于 140 nm 的颗粒，在整个低温氧化过程中，[1 1 1]指向的旋涡结构[图 6-4(d)~(f)中的等值面]的旋度大小和方向几乎保持不变。

相反，较小的 SV 颗粒粒径(90~100 nm)表现出更复杂的行为，其中涡核的体积与颗粒总体积的比值增加(图 6-5)，而且氧化过程中的磁性行为更复杂。例如，90 nm 的化学计量磁铁矿显示了一个[1 1 $\bar{1}$]难轴的涡旋核心，这是在 SD-SV 颗粒粒径边界附近发现的典型的不稳定畴态(Nagy et al.，2017；2019)。随着氧化参数的增加，磁化结构离开这一边界，在 $z=0.21$ 的早期氧化阶段转变为一致磁化的磁畴状态，并在进一步氧化期间保持该状态。同样，在氧化前期，100 nm 颗粒的磁铁矿具有难轴的[1 1 $\bar{1}$]SV 态，当 $z=0.45$ 时，涡核变得弯曲，并随着氧化参数 z 接近 0.79 时向中间的[1 1 0]方向转变，随后在 $z=0.98$ 时向易轴[1 1 1]方向转变，当颗粒完全被氧化为磁赤铁矿时，最终返回到初始的[1 1 $\bar{1}$]方向。

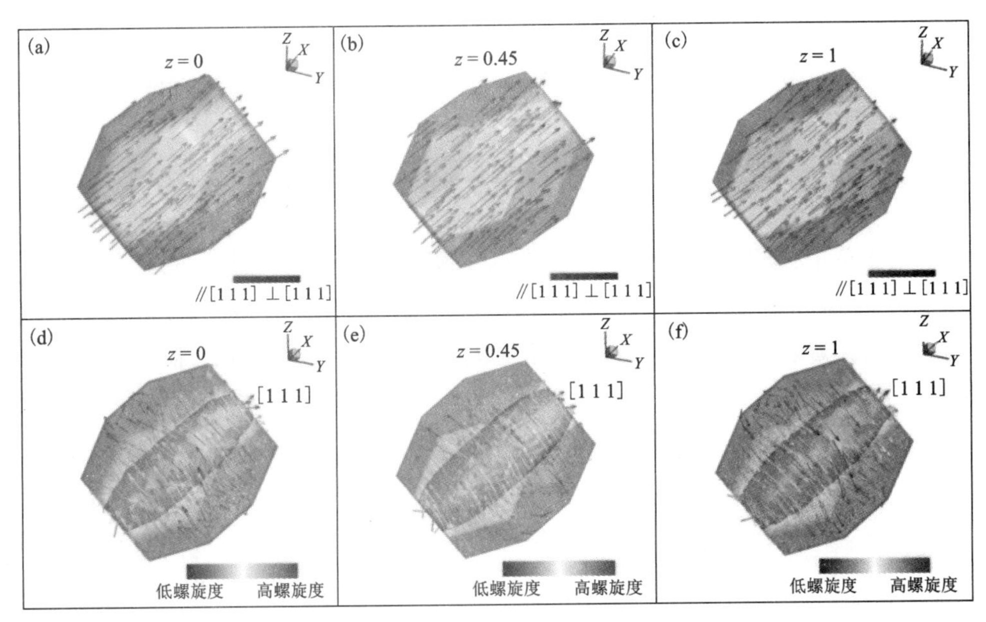

本章所示的所有模型的初始应用场均沿[1 1 1]方向饱和，(a)~(c)显示与[1 1 1]平行(红色)和垂直于[1 1 1]的(蓝色)磁化矢量，(d)~(f)显示与涡核周围区域相对应的螺旋度等面。

图 6-4　在零场下，颗粒粒径为 60 nm[(a)~(c)]和 140 nm[(d)~(f)]颗粒在氧化参数为 $z=0$、$z=0.45$、$z=1$ 时的微磁结构

扫一扫，看彩图

6.3　讨论

由于磁铁矿粉颗粒间的静磁相互作用强度较大，很难分散，这些相互作用会影响磁滞回线表征的观测值。Muxworthy 等(2003)对这些相互作用进行了颗粒簇

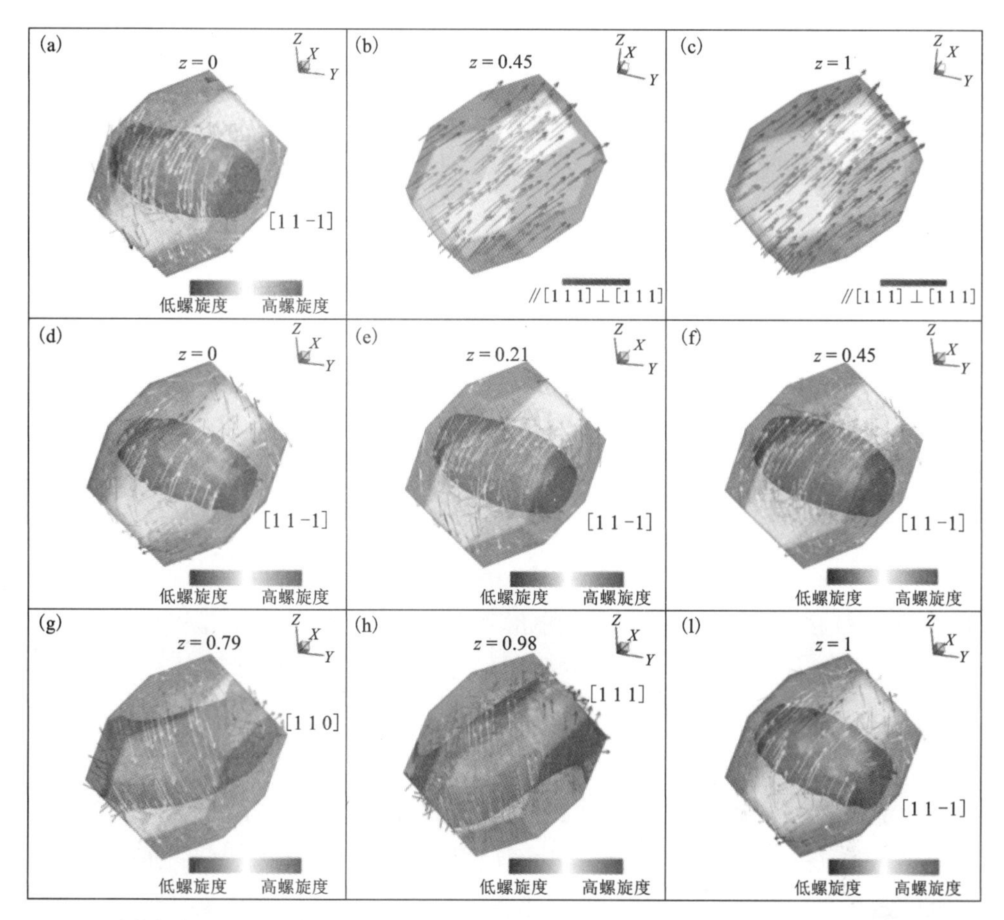

(a)～(c)为粒径为 90 nm 的颗粒，$z=0$、0.45 和 1，(d)～(i)为粒径为 100 nm 的颗粒，$z=0$、0.21、0.45、0.79、0.98 和 1，所有模型的初始应用场均为沿[1 1 1]方向施加的 180 mT 饱和场(a)、(d)～(f)显示对应于涡核周围区域的螺旋度等值面，(b)、(c)共享相同的色棒标识，平行于[1 1 1]排列的元素的磁化强度为红色，垂直于[1 1 1]排列的元素的磁化强度为蓝色。

图 6-5　粒径为 90 nm[(a)～(c)]和 100 nm[(d)～(i)]颗粒的微磁结构与零场氧化参数 z 的关系

建模，并证明即使是在高纯度高岭土中分散了 1%的粉末样品，如 Dunlop(1986)的样品，根据他们观察到的 M_{rs}/M_s，也有适度的相互作用间距。

Muxworthy 等(2003)提出，由于磁性组件中粒子间的静磁相互作用，B_c 和 M_{rs}/M_s 均减小。Afremov 等(2018)还发现，粉末 Fe/Fe_3O_4 核壳颗粒中的静磁相互作用降低了矫顽力和磁化剩磁。因此，我们预计由数值模型预测的平均磁滞参数将大大高于对粉末的实验观测结果。

在本章研究中，观察到的平均晶粒伸长率为 1.31，这意味着形状各向异性开始占主导地位(Tauxe et al.，2002；Muxworthy et al.，2003；Geand Liu，2014)。对于这样的颗粒，Muxworthy 等(2003)预测，对于粒径为 30~150 nm 的近单轴磁铁矿颗粒(相当于立方体体积的边长)，粉末中的静磁相互作用可能通过 P_h 和 P_m 使 B_c 和 M_{rs}/M_s 分别降低约 17%和约 18%(Fidler and Schrefl，1996；Muxworthy et al.，2003；Afremov et al.，2018)。我们认为偶极-偶极相互作用与粒子发生氧化过程时饱和磁化强度的下降可能成正比(Afremov et al.，2018；Anisimov and Afremov，2018)。因此，为了模拟粉末样品的磁滞行为，可以合理地应用简单的相互作用场进行校正。

$$B_{cor} = B_{ini} - B_{mag} \cdot P_h \cdot (M_{ox}/M_{mag}) \tag{6-1}$$

同样地，

$$M_{rs,\ cor} = M_{rs,\ ini} - M_{rs,\ mag} \cdot P_m \cdot (M_{ox}/M_{mag}) \tag{6-2}$$

其中，B_{ini} 和 $M_{rs,\ ini}$ 是氧化磁铁矿的初始矫顽力和饱和剩磁，它们是粒度对数正态分布的平均值；B_{cor} 和 $M_{rs,\ cor}$ 是相互作用场校正后的对应物；B_{mag} 和 $M_{rs,\ mag}$ 是化学计量比磁铁矿的相应等价物；M_{ox} 和 M_{mag} 分别为部分氧化磁铁矿和化学计量比磁铁矿的饱和磁化强度。

为了比较磁粉的实验数据和微磁模型的实验数据，我们对图 6-3 所示实验数据中不同颗粒粒径的结果进行加权，得到了图 6-6 中 B_c 和 M_{rs}/M_s 的曲线。实验数据的磁滞参数随氧化程度变化的规律表现出与本章提出的微磁模型预测相似的行为，显示 B_c 几乎没有变化，M_{rs}/M_s 略有增加，直至 $z=0.9$。当 z 一直增大，磁铁矿完全氧化时，磁铁矿的含量就会急剧下降。在本章的多层核壳模型以及先前报道的两层核壳模型中(Ge et al.，2014)，磁滞参数都出现了这种突然的下降，尽管较简单的模型磁滞参数要低得多，在实验中也观察到了这些现象。新的多层核壳模型微磁数据 B_c 和 M_{rs}/M_s 的绝对值与实验测量值更接近(Ge et al.，2014)。特别是，M_{rs}/M_s 随氧化参数的变化与实验结果几乎无法区分。另一组系统的实验数据来自 Almeida et al.(2015)，颗粒粒径为 150~250 nm。磁滞参数随氧化的变化不像细颗粒那样明显(Ge et al.，2014)，类似于具有 ESV 状态的较大颗粒的模拟结果(图 6-3)。

但是，微磁模型显示 B_c 在早期氧化阶段略有增加[z 值在 0 和 0.2 之间，图 6-6(a)]。对于这种剩磁稳定性的提高，人们提出了各种实验解释。例如，

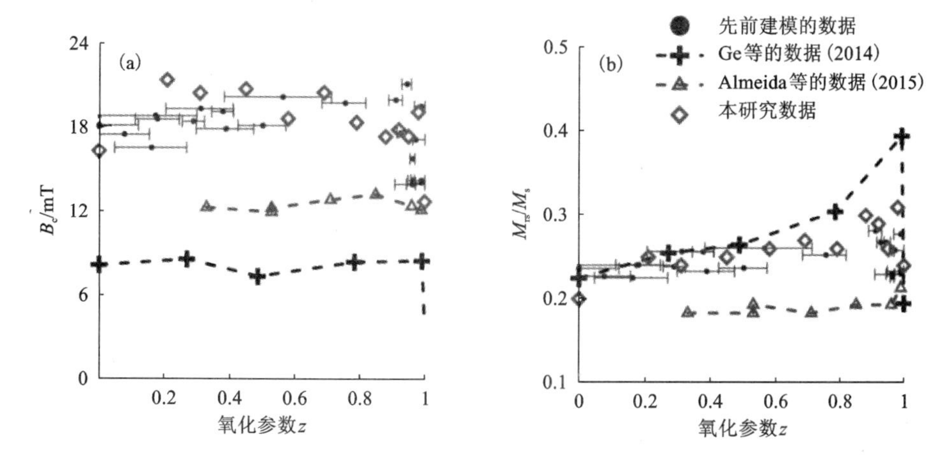

注意，在加权多层和双层模型中都考虑了相互作用的影响。

图 6-6　根据粒度分布，将 B_c(a) 和 M_{rs}/M_s(b) 与氧化参数 z 的加权微磁建模结果与 Ge 等(2014)的先前建模结果以及 Ge 等(2014)和 Almeida 等(2015)的实验结果进行比较

Johnson 和 Hall(1978)提出，由于体积变化导致矿物颗粒在氧化过程中开裂引起有效颗粒粒径减小，可能会增加应力各向异性引起的矫顽场。类似地，Özdemir 和 O'Reilly(1982)报告说，在没有任何其他定量可信的机制下，矫顽力的增加被认为是这种应力作用的结果。他们还将接近完全氧化时矫顽力的快速下降归因于氧化过程中磁致伸缩常数的降低。

然而，我们的微磁模型和实验观测之间良好的一致性提供了一个截然不同的解释。通过调用应力的磁致伸缩效应，预测了初始氧化时 B_c 的增加和完全氧化前的急剧下降。我们的模型表明，B_c 的增加纯粹是由于氧化过程中畴结构的变化，在氧化过程中，观察到畴态从不稳定的硬排列涡旋旋转到均匀或更稳定的中间和容易排列的涡旋态(图 6-5)。因此，矫顽力和剩磁的变化与磁铁矿氧化成磁赤铁矿引起的磁畴微结构的剧烈变化有关。

6.3.1　磁不稳定区的观测证据

实验结果表明，B_c 和 M_{rs}/M_s 随氧化态的变化趋势和绝对值与实验观测结果吻合较好。这是对之前发表的简单的两层核壳模型(Ge et al.，2014)的重大改进，该模型预测当应用相互作用场校正时，矫顽力远低于实验数据[图 6-6(a)]。总体而言，具有连续过渡区的低温氧化磁铁矿多层核壳模型的微观结构表现为两种类型的磁行为：

(1)随着氧化参数的变化，SD(粒径<80 nm)和大 SV 颗粒(粒径>120 nm)具有相似的磁性(图 6-7)。B_c 随氧化程度的增加而降低(图 6-3)，而 M_{rs}/M_s 保持稳定或略有增加。在这两种情况下，尽管氧化阶段不同，但在整个氧化过程中，或是处于较小颗粒的 SD 状态，又或是处于接近初始施加磁场方向的易轴对准 SV 畴状态，颗粒的微磁结构都保持不变。B_c 和 M_{rs}/M_s 的下降反映了在氧化过程中磁畴状态保持不变，而平均成分变化到略软的磁性状态的事实。

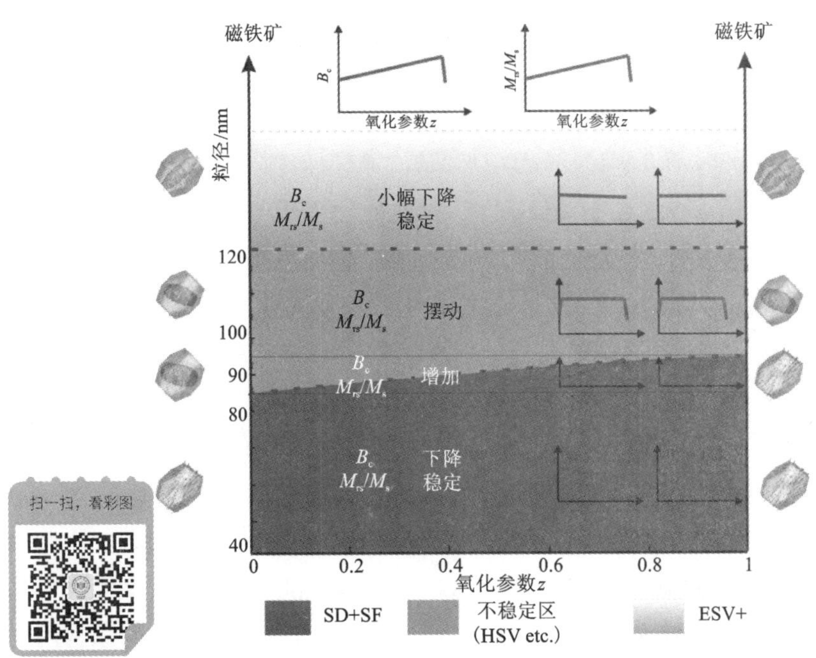

图中从深灰色到浅灰色的不同颜色区域表示 SD(单畴)+SF(单花)、不稳定区和 ESV+(易轴对齐 SV 和较大颗粒的状态)。该示意图还显示了不同粒径范围(d≤85 nm、85~95 nm、95~120 nm、>120 nm)的颗粒的磁滞参数随氧化程度的变化。每个尺寸范围内的红色和蓝色曲线说明了该区域的平均滞后参数[B_c(红色)和 M_{rs}/M_s(蓝色)]与氧化参数的关系，导致随着氧化的进行，平均来看，所有颗粒的 B_c 和 M_{rs}/M_s 都是首次增加和急剧下降。

图 6-7 不同颗粒和氧化参数的磁畴状态示意图

(2)细小的 SV 颗粒(80~120 nm)的性质随氧化发生了显著的变化，在氧化的早期和晚期尤为显著(图 6-6)。这是 SD-SV 粒径边界附近畴态剩磁稳定性的快速变化所致。这与最近的微磁学研究结果一致，这些研究所绘制的颗粒磁畴状态特征随粒径的变化图与最近的微磁学研究结果一致，并且在一些不同的矿物上也有相似特征(Nagy et al.，2017，2019，Valdez-Grijalva et al.，2018)。模型预测了易轴SD状态和易轴SV状态之间的颗粒粒径过渡区，其中畴态为SV态，但具有低稳定性的特点，且通常不沿易轴排列。在等维磁铁矿中，这一过渡区预计在84~100 nm(Nagy et al.，2017)，并且接近这里模拟的细长颗粒的粒径区域(相当于球形体积直径99~149 nm)。B_c 和 M_{rs}/M_s 的快速变化表明了这一粒径区域接近不稳定区，并反映了氧化过程中颗粒有效成分的变化。

Ge等(2014)和Almeida等(2015)将氧化滞后参数的长期上升和急剧下降归因于磁铁矿内核和磁铁矿外壳之间耦合效应的存在和消失。在本章研究中，数值模型的强界面各向异性被近似连续的氧化过渡区最小化，而磁滞参数的预测趋势保持不变。观察到的磁滞参数代表了跨颗粒粒径分布整合的两种不同类型的畴态行为的平均值，这两类表征的影响随着氧化程度的增加而变化(图6-7)。在磁畴状态不随氧化而改变的情况下，磁滞参数不变，但磁性逐渐软化反映了磁铁矿的低结晶各向异性。然而，随着氧化程度的增加，多层模型的加权磁滞参数与实验观测结果吻合较好，显示当氧化参数上升到 $z \approx 0.9$，在总氧化之前磁滞参数，尤其是 M_{rs}/M_s 显著下降(图6-6)。

磁滞参数增加的主要原因是SD→HSV→ESV畴态的变化，这些变化被证实为是中值粒径接近80 nm的实验粉末样品随颗粒粒径和氧化态的变化造成的。如图6-5(d)、图6-5(i)所示，对于磁铁矿($z=0$)和磁铁矿($z=1$)这两个端，都是沿颗粒的短(硬)轴排列的，即[1 1 $\bar{1}$]指向的涡旋状态。这代表不稳定区中心应该是HSV状态。对于图6-5[(e)~(h)]所示的中间氧化态，涡旋结构围绕颗粒的长(容易)轴旋转，这是Nagy等(2017)已经证明的，它们通常与较高的磁稳定性和剩磁有关。因此，我们的结果与低稳定区的假设是一致的，即在氧化过程中，粉末样品中颗粒中心部分的畴态向具有较高矫顽力的更稳定的结构移动，然后在完全氧化后恢复到不稳定的HSV态。

6.3.2 古地磁意义及进一步研究

古地磁记录，特别是古地磁强度的测定，取决于许多因素，如样品材料的选择、实验方案和数据的选择实践。这些因素都充满了困难，往往会将观察的成功率降低到20%或更低(Tauxe and Yamazaki，2015)。提取精确场强的能力依赖于许多假设，但主要是磁记录强度与外部场强成线性比例，并且任何给定的磁粒子在特定温度下会被磁化或退磁。后一方法的失败可能导致产生所谓的 pTRM 尾部的磁记录，因此在某一温度下获得的磁化需要更高的温度才能退磁。

虽然 SD 颗粒被认为不会受到 pTRM 尾部的影响，但这一点尚未在所有 SV 状态下得到确凿的证明。尽管 Nagy 等(2017, 2019)和其他人的研究表明，ESV 具有很高的热稳定性和剩磁，但是对于靠近被相对较低的能量障碍隔开的存在多畴态的不稳定区域的颗粒来说，这是不正确的。在古强度实验中逐步热退磁以及 ARM 循环实验的过程中，不稳定带附近的颗粒可能会随着各循环改变其域状态，从而导致经常观察到的 pTRM 的尾部影响了古强度测定的准确性。在我们的人工样品中，粒径分布的峰值非常接近纯磁铁矿的不稳定区，磁不稳定区可以最大限度地发挥它的作用。对于等维磁铁矿，不稳定区几乎是 40~80 nm 稳定标度范围的 50%。虽然 SD 粒径范围将随着磁铁矿颗粒的拉长而大幅增加，但不稳定区域范围也可能会增加。

初步迹象表明，磁不稳定区普遍存在于大多数磁性材料中(Nagy et al., 2017, 2019; Valdez-Grijalva et al., 2018)，需要进一步努力才能充分了解它们的矿物磁性特征。希望这些研究能提供一种从实验上区分这些区域状态与更可靠的 SD 和 ESV 状态的方法，从而得出一种改进测定古强度的方法。

6.4 本章小结

采用多层核壳模型，通过微磁模拟研究了磁滞参数和磁畴微结构随氧化态的变化规律。结果表明，从 SD 颗粒到 SV 颗粒，磁铁矿的性质变化范围很大，基于粒度分布的平均结果与实验数据在趋势和绝对值上都有很好的一致性。这些结果可以很好地解释磁滞参数随氧化态的增加或突然减小的原因是磁畴状态在所提出的 SD 和 ESV 颗粒粒径范围之间的不稳定区域附近发生快速变化。虽然不稳定涡旋态的狭窄区域可能在一定程度上导致古强度测定不佳，但本书的实验观测表明，不稳定区域附近的畴态随颗粒粒径的快速变化与实验观测是一致的，从而首次证明了不稳定区域可以影响块体样品的磁性。以细颗粒为主的古地磁样品，如在冷却边缘和火山碎屑岩中发现的样品，尽管以 SD 颗粒为主，但同样可能具有与较大 MD 颗粒相类似的多畴态效应。

由于 SD 和大多数 SV 颗粒都保留了可靠的磁记录，有效的磁不稳定区识别方法可以提高提取地质样品中古地磁信号的效率与准确性。

第7章 磁不稳定区的精细模拟

近期微磁模拟发现处于单畴(SD)-单涡(SV)转换带粒径区域的颗粒在微扰动下极易产生不同方向和强度的磁化特征，对各类剩磁记录解译的准确性造成了不利的影响。为了评估这些“磁不稳定”颗粒内部磁化特征以及加场下的演化规律，探究该区域颗粒对古地磁研究的影响。本研究中我们应用MERRILL软件对68~104 nm截角八面体磁铁矿颗粒进行多次模拟平均，研究发现：①相对于立方八面体，本次实验中“磁不稳定区”位置发生变化，说明“磁不稳定区”的大小可能受控于颗粒的形状；②91~92 nm可能存在一个“磁不稳定区”的分界线；③在磁铁矿颗粒变温模拟中，“磁不稳定区”颗粒在温度变化的过程中磁性也是不稳定的。最后通过数值拟合，认为“磁不稳定”颗粒的影响，特别是在以细颗粒磁性矿物为磁记录载体的样品中不可忽视，该研究加深了我们对“磁不稳定”颗粒影响古地磁记录的认识。

7.1 微磁模拟

7.1.1 实验软件

本章实验使用具有高性能计算能力的开源软件MERRILL(Conbhuí et al., 2018)来进行“磁不稳定区”的细致研究，从数值出发直观且细致地研究单个或多个颗粒的磁畴行为和磁场变化。该软件使用任意形状的线性四面体有限元来描述粒子的几何结构并求解 LEM 稳定域状态，在整个能量领域使用了一种加速自适应步长最速下降算法，该算法针对微磁学进行了优化，使运算速度加快，运算时间大幅减少。且该软件能够实现不同温度多颗粒多相矿物的模拟，并能计算不同晶轴之间的热稳定性，对磁记录稳定性的研究具有重要意义。

7.1.2 实验模型

本实验基于 Nagy 等人(2017)研究结果中的“磁不稳定区”范围，使用有限元分析软件 Cubit 对 68~104 nm 区域的磁铁矿颗粒，以 1 nm 为步长构建了 37 个等维的截角八面体模型；同时为了考虑形状对“磁不稳定区”范围可能产生的影响，进一步考虑拉长度为 1.2、粒径为 98~137 nm 的磁铁矿颗粒。在微磁模拟前还需要对模型进行剖分，以确保网格足够精细，以此解决模型中磁化矢量空间的连续变化。这需要通过交换长度 l_{exch}(Rave et al, 1998)来限制，l_{exch} 取决于磁性材料的性质，即

$$l_{\mathrm{exch}} = \sqrt{\frac{2A}{\mu_0 M_s^2}} = \sqrt{\frac{A}{K_1}} \qquad (7-1)$$

其中，K_1 为单轴各向异性常数；A 为交换耦合参数；M_s 为饱和磁化强度。

经计算 $l_{\mathrm{exch}} = 9.587248\times10^{-3}$ μm，使用的参数见表 7-1，因此本实验以常见的交换长度 9 nm 对这些模型进行剖分。

表 7-1 室温下磁铁矿的参数(Conbhuí et al.，2018)

参数	数值	单位
A	1.334870×10^{-11}	J/m
M_s	4.807680×10^{5}	A/m
K_1	1.452282×10^{4}	J/m^3

本次研究中，对模拟颗粒使用有限元分析软件 Cubit 构建了与其相应的截角八面体模型并进行剖分。紧接着使用具有高性能计算能力的开源软件 MERRILL，进行了 5 次常温和变温下磁铁矿颗粒磁畴状态模拟，总共获得了等维和拉长颗粒常温 77 个和等维颗粒变温 15 个总共 92 个模型。同时在外加磁场从 180 mT 到

-180 mT 以 5mT 为步长，并沿[1 1 1]、[1 0 0]和[1 1 0]方向排列的情况下，对常温和变温情况下磁铁矿磁滞进行了系统模拟，计算了矫顽力(B_c)和饱和剩磁与饱和磁化强度之比(M_{rs}/M_s)沿三个外加磁场方向的平均值。

7.2　磁不稳定区颗粒的微磁模拟

7.2.1　磁不稳定区的细致化研究

从图 7-1 可以看出，对于等维颗粒，粒径在 78 nm 以下时处于 SD 畴态。然而粒径在 79 nm 以上区域磁铁矿颗粒的磁畴结构有所不同，磁化状态呈现 SV 结构，旋涡指向为[0 1 0]、[0 1 1]等方向，并未出现 SD 结构和 SF 结构。在 92 nm 以上粒径区域，纳米磁铁矿颗粒磁化状态趋于稳定，均以 [1 1 1] 方向的 SV 结构出现。可以看出粒径为 68~104 nm 的磁铁矿颗粒的磁畴状态随着粒径的增大在实验统计上大体服从“SD 结构-SV 结构”的过渡趋势，且粒径 78 nm 和 79 nm 之间可能存在一个 SD 结构和 SV 结构的量化比例分界线，91 nm 和 92 nm 之间也存在一个 HSV 结构和 ESV 结构的量化比例分界线，即从磁畴状态上看，等维截角八面体的“磁不稳定区”位于 79~91 nm 粒径区域，这与等维立方八面体的“磁不稳定区”(粒径为 84~100 nm)并不相同。

对于拉长型颗粒，稳定的 SD 畴态结构可以持续到 99 nm 粒径，在此之后 HSV 畴态结构出现，其指向[-1 -1 1]方向。在粒径达到 136 nm 以后，颗粒畴态呈现 ESV 结构，即涡旋方向开始沿易轴指向。由此可以看出，“磁不稳定区”位置在拉长型颗粒的影响下变为 100~135 nm 粒径区域。

为系统观察剩磁稳定性，在进行磁铁矿颗粒磁畴状态模拟的同时，对该区域内的颗粒进行了多次磁滞回线的微磁模拟，绘制了 68~104 nm 粒径区域磁铁矿颗粒的微磁模拟磁滞参数随粒径的变化曲线，如图 7-2 所示。在[1 0 0]方向上，在 79~91 nm 粒径区域出现较高的 B_c，而 M_{rs}/M_s 呈现系统性下降；磁滞参数在加场方向为[0 1 0]时，B_c 在 79~91 nm 粒径区域呈现明显的低值区域，M_{rs}/M_s 的下降趋势与难轴加场相类似；对于加场方向为[1 1 1]的情况，无论是 B_c 还是 M_{rs}/M_s，对“磁不稳定区”范围的示踪均非常显著。

结合图 7-2 进行分析，可以认为等维截角八面体的“磁不稳定区”在 79~91 nm 粒径区域，同时认定 78~79 nm 粒径区域为“磁不稳定区”存在 SD 和 HSV

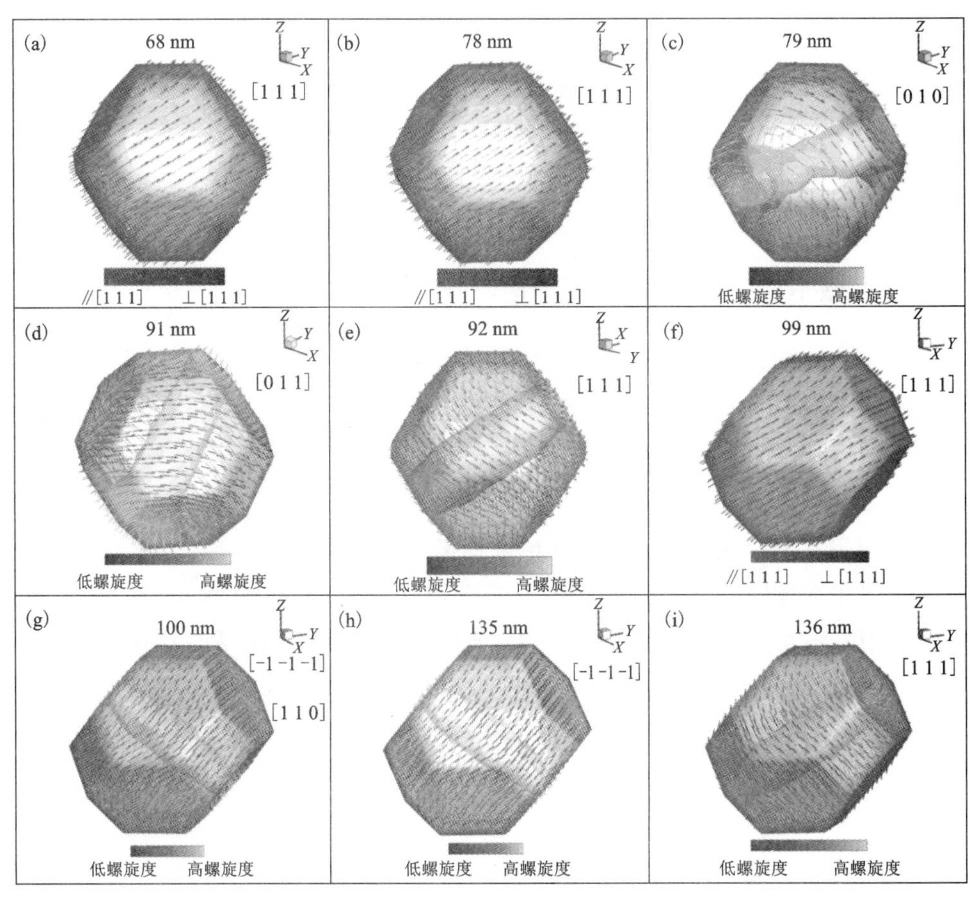

色棒表示涡度，(a)~(e)分别为粒径 68 nm、78 nm、79 nm、91 nm、92 nm 的等维截角八面体剩磁畴态图；(f)~(i)分别为粒径 99 nm、100 nm、135 nm、136 nm，拉长度 $q=1.2$ 的截角八面体的剩磁畴态图。

图 7-1　典型磁铁矿颗粒的磁畴状态

结构的平衡“分界线”，91~92 nm 粒径区域存在 HSV 和 ESV 结构的平衡“分界线”。对于拉长型颗粒，这个区域会产生与拉长程度相对应的变化。这为研究“SD-HSV-ESV”磁畴形态过渡提供了较好的参考，也为进一步锁定“磁不稳定区”的影响范围及颗粒整体磁记录的稳定性评价提供了依据。

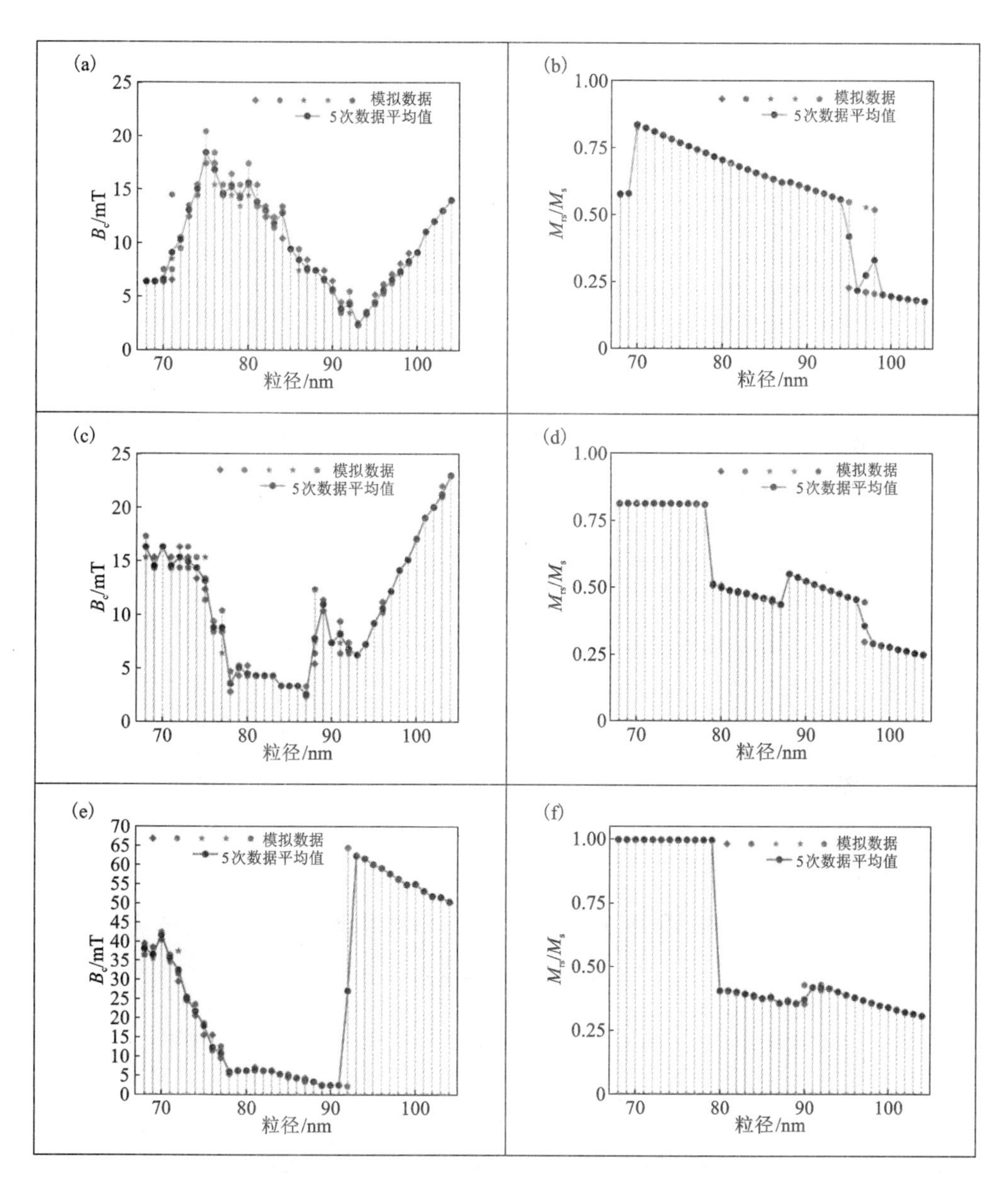

图 7-2　外场方向分别在[1 0 0][(a)~(b)]、[1 1 0][(c)~(d)]、[1 1 1][(e)~(f)]时，磁滞参数 B_c 和 M_{rs}/M_s 随粒径的变化曲线

扫一扫，看彩图

7.2.2 磁不稳定区随温度的变化

为了考察“磁不稳定区”内磁铁矿颗粒在冷却过程中的磁化状态，结合之前的实验结果在加场方向为[1 1 1]时，对粒径为 90 nm 的典型磁不稳定颗粒剩磁状态进行不同温度的微磁模拟，模拟结果如图 7-3 所示。

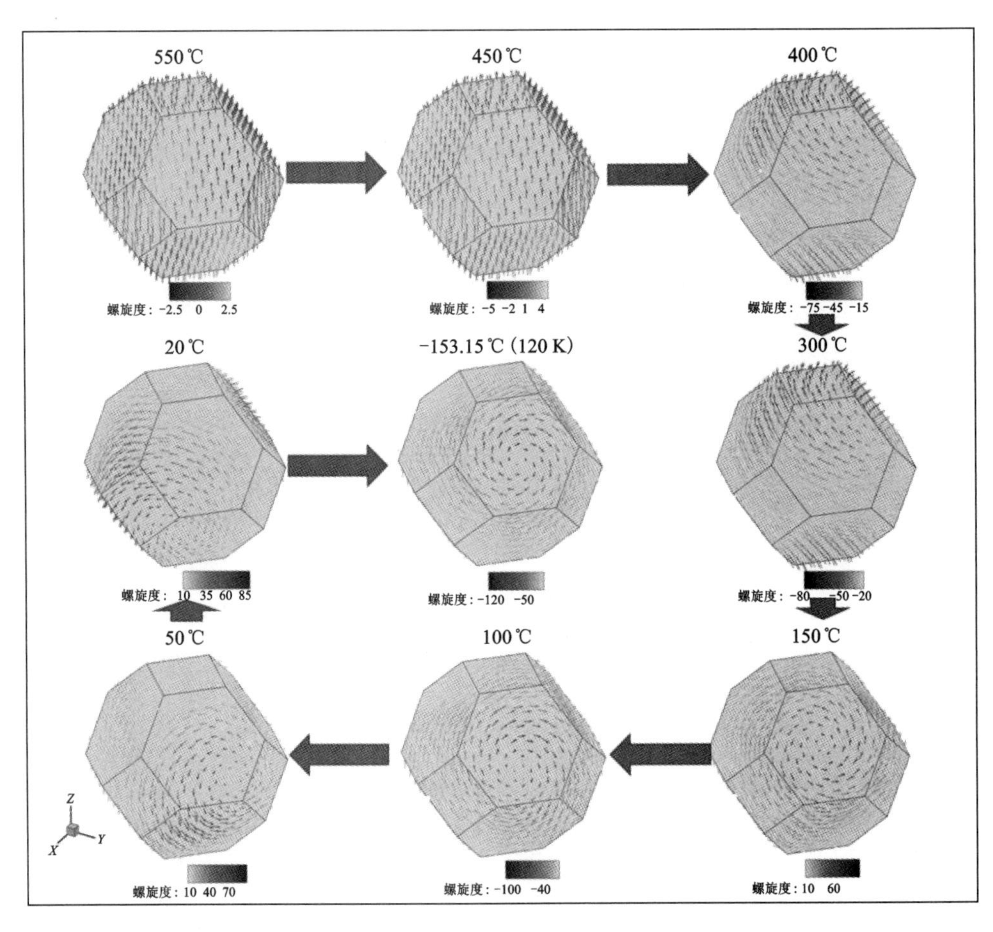

色棒表示涡度。

图 7-3 90 nm 磁铁矿颗粒冷却过程的磁畴状态

实验发现该磁铁矿颗粒在温度为 450~585℃时都为 SD 结构，磁化方向为[0 0 1]、温度为 150~450℃时，磁铁矿颗粒从[0 0 1]方向的 SD 结构转变成难轴 SV 结构，再从 HSV 结构转变

成 ESV 结构，完成了“SD 结构-HSV 结构-ESV 结构”的转变；温度为 100～150℃时，磁铁矿颗粒保持 ESV 结构，而从 100℃降至-153.15℃时，磁铁矿颗粒的磁化状态从 ESV 结构转变成 HSV 结构，再从 HSV 结构转变成 ESV 结构。这说明粒径为 90 nm 的磁铁矿颗粒在高温(450～585℃)情况下，具有 SD 颗粒性质，但其磁化方向为[0 0 1]，与加场方向相差很大，具有磁不稳定特征；在 20～450℃时，颗粒内部磁畴状态不稳定，也具有磁不稳定特征；在低温情况下具有 ESV 颗粒性质。为了更直观地展示磁不稳定区的热不稳定性，我们模拟了 90 nm 磁铁矿颗粒在不同温度下的磁滞回线，如图 7-4(a)所示，与颗粒粒径对磁滞回线的影响不同，磁滞回线形状随温度的改变，显示了一种不稳定状态的连续变化。同时在 5 次磁滞模拟后绘制了变温矫顽力图，如图 7-4(b)所示。从图 7-4(b)可以看到，该磁铁矿颗粒在常温以上时，随温度变化也是不稳定的，结合图 7-3 和图 7-4 可知，“磁不稳定”颗粒确实不适合作为载磁颗粒，其在温度变化时很容易被扰动从而产生磁畴结构的变化。

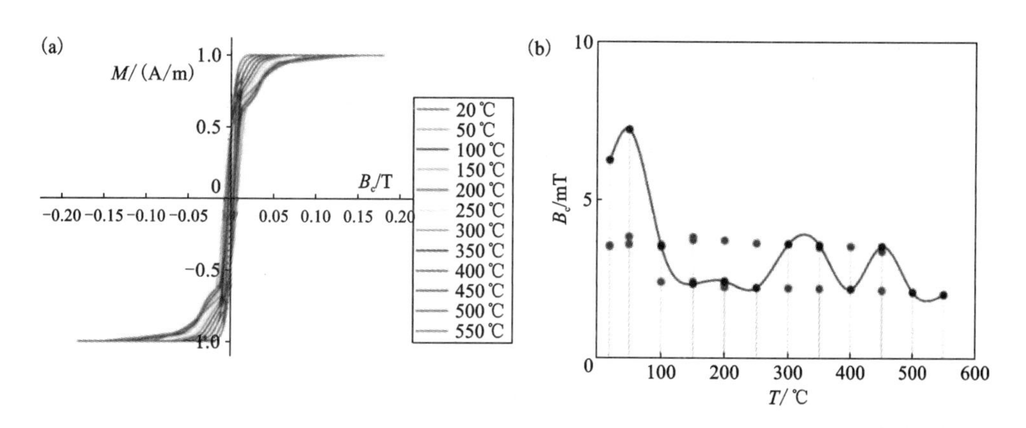

(a)变温磁滞回线；(b)变温矫顽力图。

图 7-4　90 nm 磁铁矿颗粒变温磁滞回线模拟

7.2.3　磁不稳定区对自然界的影响程度

在进行微磁模拟研究后我们从文献里(如图 7-5 所示)收集了一些 0～15 μm 颗粒的剩磁比和矫顽力数据，以定量地研究“磁不稳定区”所带来的影响。我们进行了非线性拟合和成图(如图 7-5 所示)，拟合结果为：

$$B_c = 13.92045d^{-0.29075}(0.025 < d < 2) \tag{7-2}$$

$$M_{rs}/M_s = 0.07027d^{-0.55346}(0.025 < d < 2) \tag{7-3}$$

其中，B_c 为颗粒矫顽力，mT；d 为颗粒粒径，nm；M_{rs}/M_s 为颗粒剩磁比。

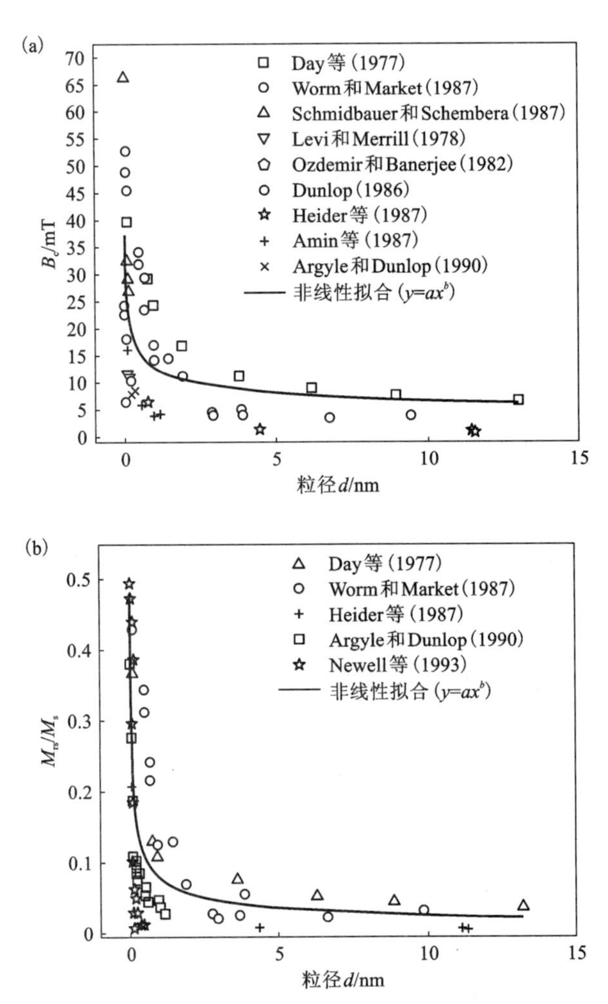

图7-5　基于文献中实验样品获得的 B_c 拟合图(a)和 M_{rs}/M_s 拟合图(b)

在假设自然界颗粒平均分布的情况下，通过式(7-2)和式(7-3)计算了“磁不稳定区”(粒径为79~91 nm)在0.025~2 μm区域内均匀分布的颗粒的影响占比。“磁不稳定区”在 B_c 的影响占比为1.12%，在 M_{rs}/M_s 的影响占比为1.79%。对于粒径较小的磁小体(一般为30~120 nm)(曲晓飞，2011)，“磁不稳定区”在 B_c 的影响占比可以达到12.53%，在 M_{rs}/M_s 的影响占比为11.72%。如果粒径在

0~300 nm 内均匀分布，“磁不稳定区”在 B_c 的影响占比为 4.94%，在 M_{rs}/M_s 的影响占比为 5.36%。

7.3 讨论

越来越多的科学家认为 SV 颗粒具有长期的古地磁稳定性，可以作为可靠的古地磁信息载体(Einsle et al.，2016；Nagy，2017)。然而在 SD-SV 颗粒间存在难以作为可靠载磁的颗粒——磁不稳定区颗粒，它们在温度变化时，极易产生难轴方向的 SV 结构，对古地磁信息造成不良影响。因此本章对磁不稳定区进行了较为细致化的研究，在对粒径为 74~104 nm 的磁铁矿颗粒进行微磁模拟研究后，结合实验结果分以下三个方面对其进行讨论。

(1)等维截角八面体的磁不稳定区。

综合本次研究的实验结果来看，如图 7-1 和图 7-2 所示，等维截角八面体磁铁矿颗粒从 70 nm 开始出现难轴方向的 SV 结构，在 70~78 nm 难轴方向的 SV 结构比重随粒径增加越来越大，B_c 和 M_{rs}/M_s 存在数值波动；在 79nm 处难轴 SV 结构已绝对主导磁铁矿颗粒的磁畴状态，在 79~97 nm 随着粒径增大逐渐出现易轴方向的 SV 结构，B_c 和 M_{rs}/M_s 数值波动较大；从 98 nm 开始易轴 SV 结构开始主导磁铁矿颗粒的磁畴状态，在 98~104 nm B_c 和 M_{rs}/M_s 数值稳定，至此磁不稳定区的影响已经消失。这是等维截角八面体磁铁矿颗粒“SD-HSV-ESV”结构的界限，这为古地磁研究 SD-SV 磁畴状态如何过渡提供了直观的帮助。同时从数值拟合的结果来看，在 0~300 nm 均匀分布的磁铁矿中，“磁不稳定区”在 B_c 的影响占比为 9.48%，在 M_{rs}/M_s 的影响占比为 8.73%，这样的占比说明在以细颗粒磁性矿物为磁记录载体的样品中“磁不稳定区”颗粒的影响已不可忽视。这说明对于由形状一致颗粒组成的磁铁矿，通过分析其粒度分布，可以较好地规避磁不稳定区所带来的不良影响，可以尽可能多地提取岩芯中所携带的有效古地磁信息。

(2)相较于立方八面体，磁不稳定区位置发生变化，说明磁不稳定区可能受控于颗粒的形状。

磁不稳定区受颗粒形状控制(Valdez-Grijalva，2018)，说明磁不稳定区并非是一个固定的区域，而是随着形状或其他因素的变化移动。而自然界中获取的岩芯样品中颗粒的形状并不完全相同，即岩芯样品可能拥有多个磁不稳定区，这很可能影响了古地磁信息解译的准确性。且在磁铁矿颗粒模拟中磁不稳定区受控于颗粒形状，那么在其他矿物颗粒中应该也存在类似的性质，这说明对于磁不稳定区，不仅要研究其粒径分布还要充分考量它与物性参数的关系。

(3)在磁铁矿颗粒变温模拟中，“磁不稳定区”颗粒在温度变化过程中磁性也是不稳定的。

对于粒径小的颗粒组成的岩石，处于“磁不稳定区”部分的颗粒在急速冷却过程中可能不会和其他区域颗粒一样发生一致磁化，而是形成多方向混乱的磁化，如图7-3所示，这相当于一定程度上降低了该岩石的阻挡温度，使其携带的古地磁信号减弱或者改变了岩石携带古地磁信号的能力。这些“bad boys”会在一些精细的磁学研究中产生干扰，使地质信息解译发生偏差，例如海底玄武岩的磁性研究，在某些玻璃质的玄武岩样品中，因为其颗粒粒径较小，导致这些样品在较低的温度就完成退磁，影响了有效信息的获取；或是趋磁细菌化石在岩层储存的过程中，“磁不稳定区”磁性颗粒受外界的扰动形成不同方向的磁化，使磁小体总体磁化方向发生偏移，增加了地质信息解译难度。

本实验目前只研究了磁铁矿颗粒的有限形状，并未穷尽其形态，并且对磁赤铁矿、胶黄铁矿等其他矿物还有待研究。随着科技的快速发展，探测精度的提高，“磁不稳定区”这个“bad boy”产生的影响会更加明显，比如最近的月壤或是火星土壤，其在长期低温与高温周期内快速转换，这一过程可能会极大地影响岩石样品携带的古地磁信息，或是高级磁学仪器的制造材料和信息存储材料，“磁不稳定区”也可能会增大仪器的误差。总而言之，如何从含有“磁不稳定区”的磁性矿物颗粒中进一步提取有效信息，是未来古地磁研究的重要方向。

7.4 本章小结

本章研究以1 nm为步长对68~104 nm截角八面体磁铁矿颗粒及98~137 nm拉长颗粒进行多次微磁模拟，探究其内部磁化特征以及加场下的演化规律。发现相对于立方八面体，截角八面体“磁不稳定区”位置发生变化，并出现两个磁畴状态分界线；进而探究了“磁不稳定区”颗粒的载磁能力受形状因子和温度的影响程度；数值拟合发现“磁不稳定区”颗粒的影响不可忽视，特别是在以细颗粒磁性矿物为磁记录载体的样品中。以上研究实现了对于SD-SV磁畴形态过渡的精细模拟观测，加深了我们对“磁不稳定区”颗粒影响古地磁记录行为的认识。

第8章　结论和展望

8.1　结论

本书针对磁铁矿颗粒剩磁记录的科学问题，综合利用微磁模拟、透射电子显微镜和岩石磁学相结合的技术，以合成磁铁矿、趋磁细菌 AMB-1 和逐步氧化的磁铁矿为研究材料，系统地研究了磁铁矿颗粒集合的剩磁特征、趋磁细菌磁小体的各向异性和磁铁矿的低温氧化机制，探讨了磁性矿物内部的磁化状态、各种模拟剩磁的记录的可靠性以及微磁模拟与实验观测相结合反演磁性矿物特性的可行性。通过这些研究，获得了一下新的进展和新认识：

(1)磁铁矿颗粒集合的内部磁化结构和磁场记录机制。首次实现了具有复杂粒径分布和形状因子的磁铁矿颗粒集合的微磁模拟，并且结合真实合成磁铁矿样品进行了实验测量对比。对比发现，三维微磁模拟结果与实验结果具有良好的一致性。微磁结构显示，在模拟地质样品内部，相邻颗粒在相互作用下形成了不同的磁化超态(superstate)。其结果使零场状态下，部分 SD 颗粒被反转，PSD 颗粒呈现单畴性质而携带主要剩磁。在相互作用下，相比于形状因子，磁性矿物的宏观磁学性质更容易受到粒径分布的影响。

(2)磁小体链各向异性的磁学特征和识别。趋磁细菌 AMB-1 体内拉长型的磁小体在沿长轴排列的情况下，宏观上表现出拉长的单畴颗粒(USD)的磁滞性质，因此可以携带可靠的剩磁。但其颗粒内部磁矩的翻转行为与 USD 颗粒并不相同。另一方面，微磁模拟可以很好地反演趋磁细菌的分布状态。模拟证实，实验中磁小体链的磁学性质与样品的分散程度相关，并且对 M_{rs}/M_s 更加敏感，因此剩磁与饱和磁化强度之比 M_{rs}/M_s 可以作为识别沉积物中化学磁小体的依据。

(3)磁铁矿的低温氧化机制和磁场记录能力。对于磁铁矿的低温氧化，实验结果显示磁铁矿的磁滞参数 B_c 和 M_{rs}/M_s 随着氧化程度的增加而缓慢增加，当氧化程度超过 90%时，磁滞参数快速下降。微磁模拟结果显示，简单的氧化核壳模型能够很好地解释磁铁矿的低温氧化机制，磁性矿物的宏观磁学性质主要受到核壳边界相互作用的影响。而经历氧化的磁铁矿仍然能够记录真实的地磁场信息。

(4)与已报道的单核-壳耦合几何构型相比，预测的磁性质与实验数据的一致性有了显著提高。所观察到的剩磁和矫顽力的变化与预测的磁不稳定性区域(粒径 80~120 nm)附近的磁畴结构变化有关，从而首次提供了该区域存在的实验迹象。我们还证明了颗粒粒径在此范围以外的颗粒中的剩磁对磁化作用是稳定的。该研究为“磁不稳定区”的实验研究提供了思路，对正确解释磁记录具有重要意义。最后认为这种部分氧化的磁铁矿颗粒能够记录古地磁信号。

(5)对于截角八面体颗粒：①相对于立方八面体，本次实验中“磁不稳定区”位置发生变化，说明“磁不稳定区”的位置可能受控于颗粒的形状；②粒径 78~79 nm 可能存在一个“磁不稳定区”的分界线；③在磁铁矿颗粒变温模拟中，“磁不稳定区”颗粒在温度变化过程中磁性也是不稳定的。最后通过数值拟合，认为“磁不稳定”颗粒的影响，特别是在以细颗粒磁性矿物为磁记录载体的样品中不可忽视，该研究加深了我们对“磁不稳定区”颗粒影响古地磁记录的认识。

8.2 研究展望

本书前几章主要通过微磁模拟方法结合电镜和磁学实验在磁铁矿颗粒集合、磁小体链的各向异性和磁铁矿低温氧化机制三方面开展了研究工作，并取得了一些新进展。这些研究对全面认识磁铁矿等磁性矿物的地球磁场记录机制及其在古地磁学、矿物磁学、环境磁学和生物磁学中的应用具有重要意义。针对磁性矿物这一特殊对象和其在地磁学中的重要性，在研究中，将微磁模拟、岩石磁学、矿物学、材料科学和电子显微学等相关知识和技术有机结合，这为进一步从微观和宏观两方面全面深入研究磁性矿物的磁学特征奠定了基础。在未来的 5~10 年，笔者将在以下几方面继续开展研究工作。

(1)PSD颗粒热剩磁(TRM)获得机制的研究。在古地磁学研究中，地质样品中磁性矿物对地磁场的记录是基于热剩磁的弛豫时间理论(Néel, 1949)，然而这种解析剩磁理论仅适用于理想的SD颗粒。在自然界中，磁信息常常被较大粒径的PSD颗粒所记录。但是PSD颗粒记录热剩磁时更容易受到热历史的影响而具有不同的阻挡温度和解阻温度，可能导致无法获得准确的地磁古强度甚至地磁古方向信息。因此只有首先从根本上认识地质样品中主要颗粒(即PSD颗粒)的热剩磁记录机制，才能真正回答古地磁学中地质样品记录地磁场的可靠性这一根本性问题。

针对这一方面的研究，首先需要改进微磁模拟方法，即将热波动(thermal flucntion)引入微磁计算程序之中，模拟PSD颗粒磁性矿物磁学性质和内禀磁化结构随温度的变化机理，从模拟角度实现地磁古方向和古强度的获得过程。另外还需从实验入手，通过使用电子束曝光方法合成粒径均一的磁铁矿阵列(magnetite arrays)或者化学合成单一分散的磁铁矿颗粒(Lu et al., 2002; Deng et al., 2005; Kong et al., 2008; Krása et al., 2009, 2011)，使用电镜和电子全息分别对磁铁矿粒径分布和表面磁场进行观测，结合岩石磁学的详细测量结果，对微磁模拟方法进行对比验证和讨论。从模拟和实验两个方向研究PSD颗粒(包括磁不稳定区)记录地磁场的机制，为古地磁学的理论基础提供支撑。

(2)化学剩磁(CRM)的地磁场记录能力的深入研究。磁性矿物在经历漫长地质历史的暴露之后，会发生不同程度的化学变化。研究这种发生化学变化后的磁性矿物内部磁场记录的特性，能够从地质样本中提取更多更为可靠的古地磁学信息，为更全面地了解早期地球的板块构造演化历史和地球动力学提供数据支持。本书第5章开展了对低温氧化磁铁矿磁性记录可靠性的探索，研究证明经历低温氧化的磁铁矿能够携带准确的原始剩磁信息。然而目前的理论和实验模拟仅考虑了不同氧化程度磁铁矿的微观和宏观磁学性质，磁铁矿低温氧化的化学剩磁是在弱场下逐步获得的，因此还需要对该化学过程下剩磁的获得进行系统的研究。并且自然界中还存在大量发生其他化学改造的地质样品，比如热液出熔生成的磁性矿物和磁铁矿氧化还原生成的赤铁矿和胶黄铁矿等[比如红层(Liu et al., 2010)、海底胶黄铁矿沉积层等(Liu et al., 2014)]，这些矿物的剩磁记录机理仍然有待探索。因此在接下来的研究之中，有必要同时改进微磁模拟方法和实验方法，对化学出熔的磁铁矿和磁铁矿的其他氧化产物化学剩磁机理进行探索。

对于这一问题，需要从两方面进行改进：第一，从微磁模拟方面，实现在初始剩磁状态下，多相矿物（如第5章氧化磁铁矿的核壳结构）组分不断变化情况下的计算模拟，并尝试模拟矿物相转换区域的连续变化（即矿物相转换带 transition zone）和由化学变化导致的内应力和缺陷。第二，从实验方面，通过将合成的磁铁矿在获得剩磁状况下，进行一定的化学处理得到不同磁场下、不同氧化状态的剩磁结果，利用磁滞回线、一阶反转曲线（FORC）、低温曲线等岩石磁学方法考察其宏观磁学特性，从理论和实验相结合的角度探讨这一类化学剩磁记录的稳定性。

（3）磁性矿物颗粒集合磁学特征的模拟和实验研究。以上两方面的展望研究仅仅解决了合成的粒径单一的矿物磁学记录机制，而研究的最终目的在于对天然地质样品磁场记录的认识。对于天然地质样品，其内部通常含有各种不同组分、粒径的磁性矿物。因此在微磁模拟方面，仍然要开展磁性矿物颗粒集合的模拟研究，探讨颗粒相互作用、中值粒径和形状因子等参数对地质样品宏观磁学特征和微观磁化结构的影响；并尝试实现磁性矿物颗粒集合（模拟地质样品）的热剩磁和化学剩磁获得过程，探讨剩磁记录的可靠性。在实验方面，结合微磁模拟和合成样品的分析结果，对前寒武时期华北岩墙中的辉长岩（Piper et al., 2011）、二叠纪末期的峨眉山玄武岩（Liu et al., 2012）进行系统的岩石磁学和古强度实验分析，验证本研究方法在天然样品研究中的可行性，并同时探讨其古地磁学和地质意义。

参考文献

ALPHANDÉRY E, FAURE S, SEKSEK O, et al. Chains of magnetosomes extracted from AMB-1 magnetotactic bacteria for application in alternative magnetic field cancer therapy[J]. ACS Nano, 2011, 5(8): 6279-6296.

ARGYLE K S, DUNLOP D J. Theoretical domain structure in multidomain magnetite particles[J]. Geophys. Res. Lett, 1984, 11(3): 185-188.

ASKILL J. Tracer diffusion data for metals, alloys and simple oxides[M]. New York: IFI/Plenum, 1970.

BANERJEE S, KING K J, MARVIN J. A rapid method for magnetic granulometry with applications to environmental studies[J]. Geophys. Res. Lett, 1981, 8(4): 333-336.

BAZYLINSKI D A, FRANKEL R B. Magnetosome formation in prokaryotes[J]. Nat. Rev. Microbiol, 2004, 2(3): 217-230.

BESSE J, COURTILLOT V. Apparent and true polar wander and the geometry of the geomagnetic field over the last 200 Myr[J]. J. Geophys. Res, 2002, 107(B11): EPM6-1-EPM6-31.

BLACKER T D, BOHNHOFF W J, EDWARDS T L. Cubit mesh generation environment. Volume 1: Users manual[R]. Rep, Sandia National Labs, Albuquerque, NM(United States), 1994.

BLAKEMORE R P. Magnetotactic bacteria[J]. Science, 1975, 190(4212): 377-379.

BLEIL U, PETERSEN N. Variations in magnetization intensity and low-temperature titanomagnetite oxidation of ocean floor basalts[J]. Nature, 1983, 301(5899): 384-388.

BLOXHAM J. Sensitivity of the geomagnetic axial dipole to thermal core-mantle interactions[J]. Nature, 2000, 405(6782): 63-65.

BROWN W F. Micromagnetics: Successor to domain theory? [J]. J. Phys. Radium, 1959, 20(2-3): 101-104.

BROWN W F. Micromagnetics[M]. Interscience Publishers, New York, 1963.

BROWN W F, LABONTE A E. Structure and energy of one-dimensional domain walls in ferromagnetic thin films[J]. J. Appl. Phys, 1965, 36(4): 1380-1386.

BUTLER R F. Paleomagnetism: magnetic domains to geologic terranes[M]. Boston. Blackwell Scientific Publications, 1992.

CHANG S R, KIRSCHVINK J L. Magnetofossils, the magnetization of sediments, and the evolution of magnetite biomineralization[J]. Annu. Rev. Earth Planet. Sci, 1989, 17: 169-195.

CHARILAOU M, WINKLHOFER M, GEHRING A U. Simulation of ferromagnetic resonance spectra of linear chains of magnetite nanocrystals[J]. J. Appl. Phys, 2011, 109(9): 093903.

CRAIK D J, McIntyre D A. Anhysteretic magnetization processes in multidomain crystals and polycrystals[J]. Proceedings of the Royal Society of London. A. Mathematical and Physical Sciences, 1969, 313(1512): 97-116.

CUI Y, VEROSUB K L, ROBERTS A P. The effect of low-temperature oxidation on large multi-domain magnetite[J]. Geophys. Res. Lett, 1994, 21(9): 757-760.

DAY R, FULLER M, SCHMIDT V. Hysteresis properties of titanomagnetites: grain-size and compositional dependence[J]. Phys. Earth Planet. Inter, 1977, 13(4): 260-267.

DENG Y H, WANG C C, HU J H, et al. Investigation of formation of silica-coated magnetite nanoparticles via sol-gel approach [J]. Colloids and Surfaces A: Physicochemical and Engineering Aspects, 2005, 262(1): 87-93.

DENHAM C R, BLAKEMORE R P, FRANKEL R B. Bulk magnetic-properties of magnetotactic bacteria[J]. IEEE Trans. Magn, 1980, 16(5): 1006-1007.

DUNIN-BORKOWSKI R E, MCCARTNEY M R, FRANKEL R B, et al. Magnetic microstructure of magnetotactic bacteria by electron holography[J]. Science, 1998, 282(5395): 1868-1870.

DUNIN-BORKOWSKI R E, MCCARTNEY M R, PÓSFAI M, et al. Off-axis electron holography of magnetotactic bacteria: magnetic microstructure of strains MV-1 and MS-1[J]. Eur. J. Mineral, 2001, 13(4): 671-684.

DUNLOP D J, WEST G F. An experimental evaluation of single domain theories[J]. Rev. Geophys, 1969, 7(4): 709-757.

DUNLOP D J, ÖZDEMIR Ö. Rock magnetism: fundamentals and frontiers[M]. Cambridge University Press, Cambridge, 2001.

DUNLOP D J. Theory and application of the Day plot(M_{rs}/M_s versus H_{cr}/H_c) 1. Theoretical curves and tests using titanomagnetite data[J]. J. Geophys. Res, 2002, 107(B3): 2056.

EBERL D, KILE D E, DRITS V. On geological interpretations of crystal size distributions: Constant vs. proportionate growth[J]. Am. Miner, 2002, 87(8-9): 1235-1241.

EGLI R. Theoretical aspects of dipolar interactions and their appearance in first-order reversal curves of thermally activated single-domain particles [J]. J. Geophys. Res, 2006, 111 (B12): B12S17.

EGLI R. Theoretical considerations on the anhysteretic remanent magnetization of interacting particles with uniaxial anisotropy[J]. J. Geophys. Res. (1978—2012), 2006, 111(B12): B12S18.

EGLI R, CHEN A P, WINKLHOFER M, et al. Detection of noninteracting single domain particles using first-order reversal curve diagrams [J]. Geochem. Geophys. Geosyst, 2010, 11 (1): Q01Z11.

ENKIN R J, DUNLOP D J. A micromagnetic study of pseudo single-domain remanence in magnetite [J]. J. Geophys. Res, 1987, 92(B12): 12726-12740.

EVANS M, HELLER F. Environmental magnetism: principles and applications of enviromagnetics [M]. Salt lake city: American academic press, 2003.

EVANS M E, KRÁSA D, WILLIAMS W, et al. Magnetostatic interactions in a natural magnetite/ulvöspinel system[J]. J. Geophys. Res, 2006, 111, B12S16.

EYRE J K. Frequency dependence of magnetic susceptibility for populations of single-domain grains [J]. Geophys. J. Int, 1997, 129(1): 209-211.

FABIAN K, HEIDER F. How to include magnetostriction in micromagnetic models of titanomagnetite grains[J]. Geophys. Res. Lett, 1996, 23(20): 2839-2842.

FABIAN K, KIRCHNER A, WILLIAMS W, et al. Three-dimensional micromagnetic calculations for magnetite using FFT[J]. Geophys. J. Int, 1996, 124(1): 89-104.

FIDLER J, SCHREFL T. Micromagnetic modelling-the current state of the art[J]. J. Phys. D-Appl. Phys, 2000, 33(15): 135-156.

FREDKIN D, KOEHLER T. Numerical micromagnetics by the finite element method[J]. IEEE Trans. Magn, 1987, 23(5): 3385-3387.

FREDKIN D R, KOEHLER T R. Ab initio micromagnetic calculations for particles(invited)[J]. J. Appl. Phys, 1990, 67(9): 5544-5548.

FUKUMA K, DUNLOP D J. Three-dimensional micromagnetic modeling of randomly oriented magnetite grains(0.03~0.3 mm)[J]. J. Geophys. Res, 2006, 111(B12): B12S11.

GALLAGHER K. Mechanism of oxidation of magnetite to γ-Fe_2O_3 [J]. Nature, 1968, 217: 1118-1121.

GEE J S, KENT D V. Source of oceanic magnetic anomalies and the geomagnetic polarity time scale [J]. Treatise on Geophysics, vol. 5: Geomagnetism, 2007, 455-507.

GILBERT T L. A lagrangian formulation of gyromagnetic equation of the magnetization field [J]. Phys. Rev, 1955, 100: 1243.

GUBBINS D. Earth science: Geomagnetic reversals[J]. Nature, 2008, 452(7184): 165-167.

HANEDA K, MORRISH A. Magnetite to maghemite transformation in ultrafine particles [J]. Le Journal de Physique Colloques, 1977, 38(C1): 321-323.

HANZLIK M, WINKLHOFER M, PETERSEN N. Pulsed-field-remanence measurements on individual magnetotactic bacteria[J]. J. Magn. Magn. Mater, 2002, 248(2): 258-267.

HARRISON R J, DUNIN-BORKOWSKI R E, PUTNIS A. Direct imaging of nanoscale magnetic interactions in minerals[J]. Proc. Natl. Acad. Sci. U. S. A, 2002, 99(26): 16556-15561.

HARRISON R J, FEINBERG J M. Mineral magnetism: Providing new insights into geoscience processes[J]. Elements, 2009, 5(4): 209-215.

HEIDER F, WILLIAMS W. Note on temperature-dependence of exchange constant in magnetite[J]. Geophys. Res. Lett, 1988, 15(2): 184-187.

HESSE P P. Evidence for bacterial paleoecological origin of mineral magnetic cycles in oxic and sub-oxic tasman sea sediments[J]. Mar. Geol, 1994, 117(1-4): 1-17.

HOU D, NIE X, LUO H. Studies on the magnetic viscosity and the magnetic anisotropy of γ-Fe_2O_3 powders[J]. Applied Physics A, 1998, 66(1): 109-114.

IVANOV A P, CHAIKOVSKII A P, KUMEISHA A A, et al. Interferometric study of the spatial structure of a light-scattering medium[J]. J. Appl. Spectrosc, 1978, 28(3): 359-364.

JIMENEZ-LOPEZ C, ROMANEK C S, BAZYLINSKI D A. Magnetite as a prokaryotic biomarker: A review[J]. J. Geophys. Res.-Biogeosci, 2010, 115(G2): G00G03.

JOHNSON H, MERRILL R. Magnetic and mineralogical changes associated with low-temperature oxidation of magnetite[J]. J. Geophys. Res, 1972, 77(2): 334-341.

JOHNSON H P, MERRILL R. Low-temperature oxidation of a titanomagnetite and implications for paleomagnetism[J]. J. Geophys. Res, 1973, 78(23): 4938-4949.

JOHNSON H, MERRILL R. Low-temperature oxidation of a single-domain magnetite [J]. J. Geophys. Res, 1974, 79(35): 5533-5534.

KAKAY A, WESTPHAL E, HERTEL R. Speedup of FEM micromagnetic simulations with graphical processing units[J]. IEEE Trans. Magn, 2010, 46(6): 2303-2306.

KOEHLER T R. Hybrid FEM-BEM method for fast micromagnetic calculations[J]. Physica B, 1997, 233(4): 302-307.

KONG X, KRÁSA D, ZHOU H, et al. Very high resolution etching of magnetic nanostructures in organic gases[J]. Microelectron. Eng, 2008, 85(5): 988-991.

KOPP R E, KIRSCHVINK J L. The identification and biogeochemical interpretation of fossil magnetotactic bacteria[J]. Earth Sci. Rev, 2008, 86(1-4): 42-61.

KRÁSA D, WILKINSON C D, GADEGAARD N, et al. Nanofabrication of two-dimensional arrays of magnetite particles for fundamental rock magnetic studies[J]. J. Geophys. Res, 2009, 114 (B2): B02104.

KRÁSA D, MUXWORTHY A R, WILLIAMS W. Room- and low-temperature magnetic properties of 2-D magnetite particle arrays[J]. Geophys. J. Int, 2011, 185(1): 167-180.

LABROSSE S, POIRIER J P, LE MOUËL J L. The age of the inner core[J]. Earth Planet. Sci. Lett, 2001, 190(3): 111-123.

LANDAU L, LIFSHITZ E. On the theory of the dispersion of magnetic permeability in ferromagnetic bodies[J]. Phys. Z. Sowjetunion, 1935, 8(153): 101-114.

LI J, PAN Y, LIU Q, et al. Biomineralization, crystallography and magnetic properties of bullet-shaped magnetite magnetosomes in giant rod magnetotactic bacteria[J]. Earth Planet. Sci. Lett, 2010, 293(3-4): 368-376.

LI J, PAN Y. Environmental factors affect magnetite magnetosome synthesis in Magnetospirillum magneticum AMB-1: implications for biologically controlled mineralization[J]. Geomicrobiol. J, 2012, 29(4): 362-373.

LI J, GE K, PAN Y, et al. A strong angular dependence of magnetic properties of magnetosome chains: implications for rock magnetism and paleomagnetism[J]. Geochem. Geophys. Geosyst, 2013, 14(10): 3887-3907.

LI J H, PAN Y X, CHEN G J, et al. Magnetite magnetosome and fragmental chain formation of Magnetospirillum magneticum AMB - 1: Transmission electron microscopy and magnetic observations[J]. Geophys. J. Int, 2009, 177(1): 33-42.

LIU C, PAN Y, ZHU R. New paleomagnetic investigations of the Emeishan basalts in NE Yunnan, southwestern China: Constraints on eruption history[J]. J. Asian Earth Sci, 2012, 52: 88-97.

LIU C C, DENG C L, LIU Q S, et al. Mineral magnetism to probe into the nature of palaeomagnetic signals of subtropical red soil sequences in southern China[J]. Geophys. J. Int, 2010, 181(3): 1395-1410.

LIU C Y, GE K P, ZHANG C X, et al. Nature of remagnetization of lower triassic red beds in southwestern China[J]. Geophys. J. Int, 2011, 187(3): 1237-1249.

LIU J, SHI X, GE S, et al. Identification of the thick-layer greigite in sediments of the south yellow sea and its geological significances[J]. Chinese Sci. Bull, 2014: 1-12.

LIU Q, TORRENT J, MAHER B A, et al. Quantifying grain size distribution of pedogenic magnetic particles in Chinese loess and its significance for pedogenesis[J]. J. Geophys. Res. (1978—2012), 2005, 110(B11): B11102.

LIU Q S, BANERJEE S K, JACKSON M J, et al. New insights into partial oxidation model of magnetites and thermal alteration of magnetic mineralogy of the Chinese loess in air[J]. Geophys. J. Int, 2004, 158(2): 506-514.

LIU Q S, DENG C L, TORRENT J, et al. Review of recent developments in mineral magnetism of the Chinese loess[J]. Quaternary Sci Rev, 2007, 26(3-4): 368-385.

LIU Q S, ROBERTS A P, LARRASOANA J C, et al. Environmental magnetism: principles and applications[J]. Rev. Geophys, 2012, 50(4): RG4002.

LONG H H, LIU Z J, ONG E T, et al. Micromagnetic modeling simulations and applications[C]. 2006 17th International Zurich Symposium on Electromagnetic Compatibility, Singapore, IEEE, 2006: 398-401.

LU S G, CHEN D J, WANG S Y, et al. Rock magnetism investigation of highly magnetic soil developed on calcareous rock in Yun-Gui Plateau, China: Evidence for pedogenic magnetic minerals[J]. J. Appl. Geophys, 2012, 77: 39-50.

LU Y, YIN Y, MAYERS B T, et al. Modifying the surface properties of superparamagnetic iron oxide nanoparticles through a sol-gel approach[J]. Nano Lett, 2002, 2(3): 183-186.

MAHER B A. Magnetic properties of some synthetic sub-micron magnetites[J]. Geophys. J. Int, 1988, 94(1): 83-96.

MAO X, EGLI R, PETERSEN N, et al. Magnetotaxis and acquisition of detrital remanent magnetization by magnetotactic bacteria in natural sediment: First experimental results and theory [J]. Geochem. Geophys. Geosyst. 2014, 15(1): 253-283.

MARSHALL M, COX A. Magnetism of pillow basalts and their petrology[J]. Geol. Soc. Am. Bull, 1971, 82(3): 537-547.

MERRILL R T, MCELHINNY M W. The Earth's magnetic field: Its history, origin and planetary perspective[M]. Cambridge Univ Press, 1983.

MOSKOWITZ B, BANERJEE S. Grain size limits for pseudosingle domain behavior in magnetite: Implications for paleomagnetism[J]. IEEE Trans. Magn, 1979, 15(5): 1241-1246.

MOSKOWITZ B M. Theoretical grain size limits for single-domain, pseudo-single-domain and multi-domain behavior in titanomagnetite($x=0.6$) as a function of low-temperature oxidation[J]. Earth Planet. Sci. Lett, 1980, 47(2): 285-293.

MOSKOWITZ B M, FRANKEL R B, FLANDERS P. J, et al. Magnetic properties of magnetotactic bacteria[J]. J. Magn. Magn. Mater, 1988, 73(3): 273-288.

MOSKOWITZ B M. Micromagnetic study of the influence of crystal defects on coercivity in magnetite

[J]. J. Geophys. Res, 1993, 98(B10): 18011-18026.

MUXWORTHY A R, WILLIAMS W. Micromagnetic calculation of hysteresis as a function of temperature in pseudo-single domain magnetite[J]. Geophys. Res. Lett, 1999a, 26(8): 1065-1068.

MUXWORTHY A R, WILLIAMS W. Micromagnetic models of pseudo-single domain grains of magnetite near the Verwey transition[J] J. Geophys. Res, 1999b, 104(B12): 29203-29217.

MUXWORTHY A, WILLIAMS W, VIRDEE D. Effect of magnetostatic interactions on the hysteresis parameters of single-domain and pseudo-single-domain grains[J]. J. Geophys. Res, 2003, 108 (B11). doi: 10.1029/2003JB002588.

MUXWORTHY A, HESLOP D, WILLIAMS W. Influence of magnetostatic interactions on first-order-reversal-curve(FORC) diagrams: a micromagnetic approach[J]. Geophys. J. Int, 2004, 158 (3): 888-897.

MUXWORTHY A R, DUNLOP D J, WILLIAMS W. High-temperature magnetic stability of small magnetite particles[J]. J. Geophys. Res, 2003, 108(B5): 2281.

MUXWORTHY A R, WILLIAMS W. Critical single-domain/multidomain grain sizes in noninteracting and interacting elongated magnetite particles: Implications for magnetosomes[J]. J. Geophys. Res, 2006, 111(B12): B12S12.

MUXWORTHY A R, WILLIAMS W. Critical superparamagnetic/single-domain grain sizes in interacting magnetite particles: implications for magnetosome crystals[J]. J. R. Soc. Interface, 2009, 6(41): 1207-1722.

MUXWORTHY A R, WILLIAMS W, ROBERTS A P, et al. Critical single domain grain sizes in chains of interacting greigite particles: Implications for magnetosome crystals[J]. Geochem. Geophys. Geosyst., 2013, 14(12): 5430-5441.

NÉEL L. Théorie du traînage magnétique des ferromagnétiques en grains fins avec applications aux terres cuites[J]. Ann. géophys, 1949, 5(2): 99-136.

NÉEL L. Some theoretical aspects of rock-magnetism[J]. Adv. Phys., 1955, 4(14): 191-243.

NAGY L, WILLIAMS W, MITCHELL L. A parallel numerical micromagnetic code using fenics[C]. Paper Presented at AGU Fall Meeting Abstracts. 2013.

NEWELL A J, MERRILL R. T. Size dependence of hysteresis properties of small pseudo-single-domain grains[J]. J. Geophys. Res, 2000, 105(B8): 19393-19403.

NOVOSAD V, FRADIN F Y, ROY P E, et al. Magnetic vortex resonance in patterned ferromagnetic dots[J]. Phys. Rev. 2005, B, 72(2): 44-55.

NOWAK U, CHANTRELL R W, KENNEDY E C. Monte Carlo simulation with time step quantification in terms of Langevin dynamics[J]. Phys. Rev. Lett, 2000, 84(1): 163-166.

O'REILLY W. Rock and mineral magnetism[M]. Boston: Springer, 1984.

ÖZDEMIR Ö, O'REILLY W. Magnetic hysteresis properties of synthetic monodomain titanomaghemites [J]. Earth Planet. Sci. Lett, 1982, 57(2): 437-447.

ÖZDEMIR Ö, BANERJEE S K. High temperature stability of maghemite($\gamma-Fe_2O_3$)[J]. Geophys. Res. Lett, 1984, 11(3): 161-164.

ÖZDEMIR Ö, DUNLOP D J. An experimental-study of chemical remanent magnetizations of synthetic monodomain titanomaghemits with initial thermoremanent magnetizations[J]. J. Geophys Res-Solid, 1985, 90(Nb13): 1513-1523.

ÖZDEMIR Ö, DUNLOP D J. Magnetic domain-structures on a natural single-crystal of magnetite[J]. Geophys. Res. Lett, 1993, 20(17): 1835-1838.

ÖZDEMIR Ö, DUNLOP D J, MOSKOWITZ B M. The effect of oxidation on the Verwey transition in magnetite[J]. Geophys. Res. Lett, 1993, 20(16): 1671-1674.

ÖZDEMIR Ö, DUNLOP D J. Hallmarks of maghemitization in low-temperature remanence cycling of partially oxidized magnetite nanoparticles[J]. J. Geophys. Res, 2010, 115(B2): B02101.

PÓSFAI M, KASAMA T, DUNIN-BORKOWSKI R E. Characterization of bacterial magnetic nanostructures using high-resolution transmission electron microscopy and off-axis electron holography[M]. Berlin: Springer-Verlag, 2007.

PAN Y X, PETERSEN N, DAVILA A F, et al. The detection of bacterial magnetite in recent sediments of Lake Chiemsee(southern Germany)[J]. Phys. Earth Planet. Inter., 2005a, 232 (1-2): 109-123.

PAN Y X, PETERSEN N, WINKLHOFER M, et al. Rock magnetic properties of uncultured magnetotactic bacteria[J]. Phys. Earth Planet. Inter, 2005b, 237(3-4): 311-325.

PATERSON G A, WANG Y, PAN Y. The fidelity of paleomagnetic records carried by magnetosome chains[J]. Phys. Earth Planet. Inter, 2013, 383: 82-91.

PAUTHENET R, BOCHIROL L. Aimantation spontanée des ferrites[J]. J. Phys. Radium, 1951, 12 (3): 249-251.

PENNINGA I, DEWAARD H, MOSKOWITZ B M, et al. Remanence measurements on individual magnetotactic bacteria using a pulsed magnetic-field[J]. J. Magn. Magn. Mater., 1995, 149 (3): 279-286.

PIKE C R, ROBERTS A P, VEROSUB K L. Characterizing interactions in fine magnetic particle systems using first order reversal curves[J]. J. Appl. Phys, 1999, 85(9): 6660-6667.

PIPER J D, JIASHENG Z, HUANG B, et al. Palaeomagnetism of Precambrian dyke swarms in the North China Shield: the ~1.8 Ga LIP event and crustal consolidation in late Palaeoproterozoic times[J]. J. Asian Earth Sci., 2011, 41(6): 504-524.

PRÉVOT M, LECAILLE A, MANKINEN E A. Magnetic effects of maghemitization of oceanic crust [J]. J. Geophys. Res, 1981, 86(B5): 4009-4020.

READMAN P, O'REILLY W. Oxidation processes in titanomagnetites[J]. Z. geophys, 1971, 37 (3): 329-338.

READMAN P, O'REILLY W. Magnetic properties of oxidized(cation-deficient) titanomagnetites(Fe, Ti, Z)$_3$O$_4$[J]. J. Geomagn. Geoelectr, 1972, 24(1): 69-90.

ROBERTS A P. Magnetic properties of sedimentary greigite(Fe3S4)[J]. Earth Planet. Sci. Lett. 1995, 134(3-4): 227-236.

ROBERTS A P, PIKE C R, VEROSUB K L. First-order reversal curve diagrams: a new tool for characterizing the magnetic properties of natural samples[J]. J. Geophys. Res, 2000, 105 (B12): 28461-28476.

ROBERTS A P, CHANG L, ROWAN C J, et al. Magnetic properties of sedimentary greigite(Fe_3S_4): An update[J]. Rev. Geophys, 2011, 49(1).

SCHABES M E, BERTRAM H N. Magnetization processes in ferromagnetic cubes[J]. J. Appl. Phys, 1988, 64(3): 1347-1357.

SCHMIDTS H F, KRONMÜLLER H. Magnetization processes in small ferromagnetic particles with inhomogeneous demagnetizing field and uniaxial anisotropy[J]. J. Magn. Magn. Mater, 1994, 129: 361-377.

SCHOLZ W, FIDLER J, SCHREFL T, et al. Scalable parallel micromagnetic solvers for magnetic nanostructures[J]. Comp. Mater. Sci, 2003, 28(2): 366-383.

SERANTES D, SIMEONIDIS K, ANGELAKERIS M, et al. Multiplying magnetic hyperthermia response by nanoparticle assembling[J]. J. Phys. Chem. C, 2014, 118(11): 5927-5934.

SIMPSON E T, KASAMA T, PÓSFAI M, et al. Magnetic induction mapping of magnetite chains in magnetotactic bacteria at room temperature and close to the Verwey transition using electron holography[J]. J. Phys.: Conf. Ser, 2005, 17: 108-121.

SMITH B M. Consequences of the maghemitization on the magnetic-properties of submarine basalts-synthesis of previous works and results concerning basement rocks from mainly dsdp leg-51 and leg-52[J]. Phys. Earth Planet. Inter, 1987, 46(1-3): 206-226.

SNOWBALL I, ZILLEN L, SANDGREN P. Bacterial magnetite in Swedish varved lake-sediments: a potential bio-marker of environmental change[J]. Quat. Int., 2002, 88(1): 13-19.

STERN D P. A millennium of geomagnetism[J]. Rev. Geophys, 2002, 40(3): 1-30.

STONER E C, WOHLFARTH E P. A mechanism of magnetic hysteresis in heterogeneous alloys[J]. Philos. Trans. R. Soc. A-Math. Phys. Eng. Sci, 1948, 240(826): 599-642.

TARDUNO J A, TIAN W L, WILKISON S. Biogeochemical remanent magnetization in pelagic sediments of the western equatorial Pacific Ocean[J]. Geophys. Res. Lett, 1998, 25(21): 3987-3990.

TARDUNO J A, COTTRELL R D, SMIRNOV A V. High geomagnetic intensity during the mid-cretaceous from thellier analyses of single plagioclase crystals[J]. Science, 2001, 291(5509): 1779-1783.

TARDUNO J A, SMIRNOV A V. The paradox of low field values and the long-term history of the geodynamo[J]. Geophysical Monograph Series, 2004, 145: 75-84.

TARDUNO J A, COTTRELL R D, WATKEYS M K, et al. Geomagnetic field strength 3. 2 billion years ago recorded by single silicate crystals[J]. Nature, 2007, 446(7136): 657-660.

TAUXE L, BERTRAM H N, SEBERINO C. Physical interpretation of hysteresis loops: Micromagnetic modeling of fine particle magnetite[J]. Geochem. Geophys. Geosyst, 2002, 3(10): 1-22.

TAUXE L. Essentials of paleomagnetism[M]. California: University of California Press, 2010.

THELLIER E, THELLIER O. Sur l'intensité du champ magnétique terrestre dans le passé historique et géologique[J]. Ann. Geophys, 1959, 15: 285-376.

THOMAS-KEPRTA K L, CLEMETT S J, BAZYLINSKI D A, et al. Magnetofossils from ancient Mars: a robust biosignature in the Martian meteorite ALH84001[J]. Appl. Environ. Microbiol, 2002, 68(8): 3663-3672.

THOMPSON R, OLDFIELD F. Environmental magnetism[M]. London: Allen Unwin, 1986.

VALET J P, HERRERO-BERVERA E, LEMOUEL J L, et al. Secular variation of the geomagnetic dipole during the past 2000 years[J]. Geochem. Geophys. Geosyst, 2008, 9(1): Q01008.

VAN VELZEN A J, DEKKERS M J. Low-temperature oxidation of magnetite in loess-paleosol sequences: a correction of rock magnetic parameters[J]. Studia geophysica et geodaetica, 1999, 43(4): 357-375.

VICTORIA R H, PENG J P. Micromagnetic predictions for signal and noise in barium ferrite recording media[J]. IEEE Trans. Magn, 1989, 25(3): 2751-2760.

VOLMER M, AVRAM M. On magnetic nanoparticles detection using planar Hall effect sensors[C]. CAS 2012 (International Semiconductor Conference). Sinaia, Romania. IEEE, 2012: 313-316.

WAGNER L E, DING D. Representing aggregate size distributions as modified lognormal distributions [J]. Transactions of the ASAE, 1994, 37(3): 815-821.

WANG D, VAN DER VOO R, PEACOR D R. Low-temperature alteration and magnetic changes of variably altered pillow basalts[J]. Geophys. J. Int, 2006, 164(1): 25-35.

WATKINS N. Unstable components and paleomagnetic evidence for a geomagnetic polarity transition [J]. J. Geomagn. Geoelec, 1967, 19: 63-76.

WILLIAMS W, DUNLOP D J. Three-dimensional micromagnetic modelling of ferromagnetic domain structure[J]. Nature, 1989, 337(6208): 634-637.

WILLIAMS W, DUNLOP D J. Simulation of magnetic hysteresis in pseudo-single-domain grains of magnetite[J]. J. Geophys. Res, 1995, 100: 3859-3871.

WILLIAMS W, MUXWORTHY A R, PATERSON G A. Configurational anisotropy in single-domain and pseudosingle-domain grains of magnetite[J]. Journal of Geophysical Research: Solid Earth, 2006, 111, B12S13, doi: 10.1029/2006JB004556.

WILLIAMS W, EVANS M E, KRÁSA D. Micromagnetics of paleomagnetically significant mineral grains with complex morphology[J]. Geochem. Geophys. Geosyst, 2010, 11(2), Q02Z14, doi: 10.1029/2009GC002828.

WILLIAMS W, MUXWORTHY A, EVANS M. A micromagnetic investigation of magnetite grains in the form of Platonic polyhedra with surface roughness[J]. Geochem. Geophys. Geosyst, 2011, 12(10): Q10Z31.

WINKLHOFER M, FABIAN K, HEIDER F. Magnetic blocking temperatures of magnetite calculated with a three-dimensional micromagnetic model[J]. J. Geophys. Res, 1997, 102: 22-22.

WINKLHOFER M, PETERSEN N. Paleomagnetism and magnetic bacteria[M]. Berlin: Springer-Verlag, 2007.

WITT A, FABIAN K, BLEIL U. Three-dimensional micromagnetic calculations for naturally shaped magnetite: octahedra and magnetosomes[J]. Earth Planet. Sci. Lett, 2005, 233(3-4): 311-324.

WORM H U, BANERJEE S K. Aqueous low-temperature oxidation of titanomagnetite[J]. Geophys. Res. Lett, 1984, 11(3): 169-172.

WORM H U, JACKSON M, KELSO P, et al. Thermal demagnetization of partial thermoremanent magnetization[J]. J. Geophys. Res, 1988, 93(B10): 12196-12204.

XU W X, VAN DER VOO R, PEACOR D R, et al. Alteration and dissolution of fine-grained magnetite and its effects on magnetization of the ocean floor[J]. Earth Planet. Sci. Lett, 1997, 151(3): 279-288.

YAN Y D, DELLA TORRE E. Modeling of elongated fine ferromagnetic particles[J]. J. Appl. Phys, 1989, 66(1): 320-327.

YU Y, DUNLOP D J, ÖZDEMIR Ö. Partial anhysteretic remanent magnetization in magnetite 1. Additivity[J]. J. Geophys. Res, 2002, 107(B10): EPM 7-1.

YU Y, DUNLOP D. On partial thermoremanent magnetization tail checks in Thellier paleointensity determination[J]. J. Geophys. Res, J., 2003, 108(B11): 2523.

YU Y, TAUXE L. Micromagnetic models of the effect of particle shape on magnetic hysteresis[J]. Phys. Earth Planet. Inter, 2008, 169(1-4): 92-99.

ZHOU W, VAN DER VOO R, PEACOR D R, et al. Low-temperature oxidation in MORB of titanomagnetite to titanomaghemite: A gradual process with implications for marine magnetic anomaly amplitudes[J]. J. Geophys. Res. (1978—2012), 2001, 106(B4): 6409-6421.

ZHU R, HOFFMAN K, POTTS R, et al. Earliest presence of humans in northeast Asia[J]. Nature, 2001, 413(6854): 413-417.

葛坤朋. 微磁模拟在古地磁学中的应用研究[D]. 北京: 中国科学院大学, 2014.

葛坤朋, 刘青松. 微磁模拟及在岩石磁学中的应用[J]. 地球物理学报, 2018, 61(4): 1378-1389.

刘青松, 邓成龙. 磁化率及其环境意义[J]. 地球物理学报, 2009, 52(4): 1041-1048.

刘青松, 潘永信, 朱日祥, 等. 单畴和多畴磁铁矿合成样品的部分非磁滞剩磁研究[J]. 科学通报, 2005, 50(20): 2267-2270.

潘永信, 邓成龙, 刘青松, 等. 趋磁细菌磁小体的生物矿化作用和磁学性质研究进展[J]. 科学通报, 2004, 49(24): 2505-2510.

汪志诚. 热力学·统计物理[M]. 第四版. 北京: 高等教育出版社, 2009.

张溪超, 赵国平, 夏静. 鸟类铁矿物磁受体中磁赤铁矿片晶链的微磁学分析[J]. 物理学报, 2013, 62(21): 483-489.

朱岗崑. 古地磁学: 基础、原理、方法、成果与应用[M]. 北京: 科学出版社, 2005.

图书在版编目(CIP)数据

地磁场记录稳定性的微磁模拟与实验研究 / 葛坤朋等著. —长沙: 中南大学出版社, 2022.3

ISBN 978-7-5487-4843-4

Ⅰ. ①地… Ⅱ. ①葛… Ⅲ. ①地磁观测—测磁仪器—研究 Ⅳ. ①TH762.3

中国版本图书馆 CIP 数据核字(2022)第 036698 号

地磁场记录稳定性的微磁模拟与实验研究

DICICHANG JILU WENDINGXING DE WEICI MONI YU SHIYAN YANJIU

葛坤朋 王宇钦 黄宇豪 周 慧 刘青松 著

□**出 版 人** 吴湘华
□**责任编辑** 刘小沛
□**封面设计** 李芳丽
□**责任印制** 唐 曦
□**出版发行** 中南大学出版社
社址: 长沙市麓山南路 邮编: 410083
发行科电话: 0731-88876770 传真: 0731-88710482
□**印 装** 湖南蓝盾彩色印务有限公司

□**开 本** 710 mm×1000 mm 1/16 □**印张** 8.25 □**字数** 164 千字
□**互联网+图书 二维码内容** 字数 1 千字 图片 21 张
□**版 次** 2022 年 3 月第 1 版 □**印次** 2022 年 3 月第 1 次印刷
□**书 号** ISBN 978-7-5487-4843-4
□**定 价** 38.00 元